안전교육
가이드북

안전교육 가이드북

2022년 8월 25일 1판 1쇄 인쇄
2022년 8월 30일 1판 1쇄 발행

지은이 | 허방글 외
펴낸이 | 김진환
펴낸곳 | 학지사메디컬
04031 서울특별시 마포구 양화로 15길 20 마인드월드빌딩
대표전화_ 02-330-5188 팩스_ 02-326-0338
등 록 | 2010년 2월 8일 제313-2010-36호
메 일 | hakjisamd@hakjisamd.co.kr
홈페이지 | http://www.hakjisamd.co.kr

ISBN 978-89-6069-079-0 93510

가 격 | 26,000원

안전교육 가이드북

허방글 외 공저

LIFE SAFETY AND HEALTH ASSOCIATION
(사)생활안전보건연합

저자 소개

대표저자

허방글 현 (사)생활안전보건연합 대표
현 청암대학교 간호학과 겸임교수
현 경상국립대학교 간호학 박사과정
행정안전부 안전전문인력
경상국립대학교 간호학 석사

공동저자

강민오 현 여수화학 119 근무
현 (사)생활안전보건연합 교육강사
행정안전부 안전전문인력
전 성동조선해양 HSE팀 안전담당

김경완 현 청암대학교 응급구조과 교수
현 (사)생활안전보건연합 법인이사
현 순천시 약사회 총회 의장
전 전라남도 약사회 약회위원장
조선대학교 약학 박사

김황림 현 완도해양경찰구조대 근무(구조 B)
현 (사)생활안전보건연합 수상안전이사
현 서영대학교 응급구조과 겸임교수
전 전남대학교병원 권역응급의료센터 근무
호남대학교 응급구조학 석사

박상욱 현 전남대학교병원 권역응급의료센터 근무
현 청암대학교 응급구조과 겸임교수
현 (사)생활안전보건연합 이사 / 교육위원장
대한심폐소생협회 BLS faculty, KALS Instructor
전남대학교 보건학 박사

박홍철 현 주식회사 홍익 대표이사
현 (사)생활안전보건연합 교육이사
현 광주보건대학교 응급구조학과 겸임교수
대한심폐소생협회 BLS, KALS Instructor
전 성가롤로병원 권역응급의료센터 근무

손주봉 현 곰발이네 대표
현 (사)생활안전보건연합 교육이사
현 대한응급구조사협회 광주 · 전남지회 이사
전 성가롤로병원 권역응급의료센터 근무
공주대학교 응급구조학 석사

임용덕 현 전남대학교병원 권역응급의료센터 근무
현 (사)생활안전보건연합 교육이사
대한심폐소생협회 BLS, KALS Instructor
전 분당서울대학교병원 권역응급의료센터 근무
공주대학교 응급구조학과 박사

정은영 현 청암대학교 간호학과 조교수
현 (사)생활안전보건연합 학술위원장
현 전라남도 통합건강증진사업지원단 기획 자문위원
현 법무부 법사랑 순천지역 연합회 위원
고려대학교 간호학 박사

최규철 현 화순전남대학교병원 응급의료센터 근무
현 광주보건대학교 응급구조과 겸임교수
현 (사)생활안전보건연합 이사
대한심폐소생협회 BLS, KALS Instructor
전남대학교 보건학 박사

한상미 현 경남도립거창대학 간호학과 교수
현 (사)생활안전보건연합 보건안전 이사
전 고려대학교 구로병원 근무
대한심폐소생협회 BLS, KALS Instructor
경상국립대학교 간호학 박사

허 솔 현 제일대학교 간호학과 초빙교수
현 (사)생활안전보건연합 사업위원장
대한심폐소생협회 BLS, KALS Instructor
전 순천성가롤로병원 종합건강진단센터 근무
순천대학교 간호학과 석사

자문위원

김성재 현 순천제일대학교 유아교육과 교수
현 (사)생활안전보건연합 교육이사
현 전라남도 및 순천시 보육정책위원회 위원
현 전라남도 및 광주 문화재단 유아문화예술교육 컨설팅위원

문성모 현 청암대학교 응급구조과 교수
현 (사)생활안전보건연합 교육이사
대한심폐소생협회 BLS, KALS Instructor
전 해양경찰청 근무
조선대학교 보건학 박사

문준영 현 남부대학교 응급구조학과 교수
현 (사)생활안전보건연합 광주중앙본부장
전 조선대학교병원 권역응급의료센터 근무
대한심폐소생협회 BLS Instructor
공주대학교 응급구조학 박사

박명호 현 광주광역시소방학교 교육기획팀장
현 (사)생활안전보건연합 자문위원
대한적십자사 응급처치 강사, 산악안전지도자
전 광양보건대학 응급구조과 겸임교수
전 광주보건대학 보건행정과 시간강사

윤형완 현 전주비전대학교 응급구조학과 교수
현 (사)생활안전보건연합 전북지역본부장
현 (사)대한응급구조사협회 전북지부장
현 시 · 도 응급의료위원 해양안전관리위원
전남대학교 보건학 박사

장수진 현 의료법인 제주중앙병원 근무
현 (사)생활안전보건연합 제주지역본부장
전 KOICA NGO 케냐 현지 코디네이터 근무
순천 청암대학 간호과

머리말

'안전교육 가이드북'을 출간하며...

생활이 프렌즈와 함께하는 '생활안전' 교재를 출간한지도 어느덧 1년이란 시간이 지났습니다. 많은 분들이 그림 위주로 쉽게 정리되어 보기 편하다는 말씀과 함께 더 많은 내용이 포함된 교재가 나왔으면 좋겠다는 조언을 해주셨습니다. 이에 사단법인 생활안전보건연합 교육위원회에서는 1년이라는 교재 제작 기간을 통해 '안전교육 가이드북'을 출간하게 되었습니다.

'안전교육 가이드북'에서는 '생활안전'에서 다루지 않았던 시설 안전, 해양 안전, 보건 안전, 응급처치, 기본소생술을 추가하였습니다. '생활안전' 교재에서와 같이 누구나 쉽게 배우고 이해할 수 있도록 그림 위주로 제작하였으며, 유용한 정보들 또한 많이 담고 있습니다. 많은 분들이 안전에 관심을 가지고 '안전교육 가이드북'을 통해 생활 속 안전에 대비한 지식과 기술을 갖춘다면, 안전하고 건강한 지역사회를 만들 수 있을 것으로 기대합니다.

이 책이 나오기까지 도움주신 상현디자인(SHD), 사단법인 생활안전보건연합 교육위원님들께 감사드리며, 바쁘신 일정에도 감수에 도움을 주신 교수님들께도 진심으로 감사드립니다. 마지막으로 '안전교육 가이드북' 교재 출판까지 마침표를 잘 찍을 수 있도록 이끌어주신 박상욱 교육위원장님께도 진심으로 감사드립니다.

대한민국이 '안전하고 건강한 지역사회'가 되는 그날까지!

2022년 8월
사단법인 생활안전보건연합
대표 허방글

목차

목차

Chapter
01

시설 안전

1. 안전사고
2. 다중이용시설 안전
3. 승강기 안전
4. 전기 안전
5. 가스 안전

1. 안전사고

1) 안전이란?

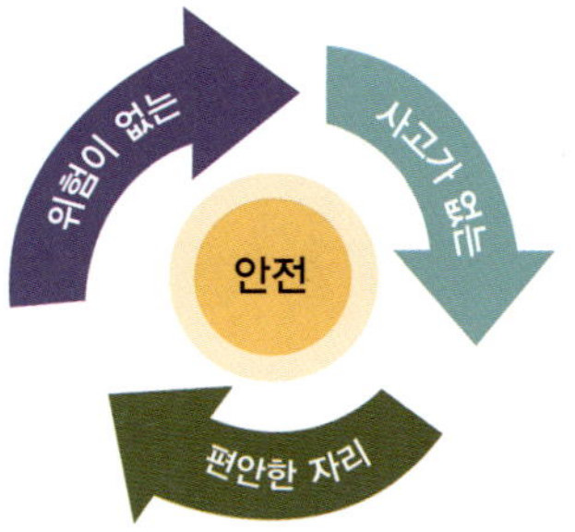

안전이란 사고를 미연에 예방하고 개인적 피해나 사고로 인해 재산적 손실이 없도록 하는 것이다.

즉 예기치 않은 사고로부터 신체적으로나 정신적인 손상 없이 안정적으로 유지하는 상태를 의미한다.

2) 안전사고란?

위험이 발생할 수 있는 장소에서 안전교육의 미비, 안전 수칙 위반, 부주의 등으로 발생하는 사람 또는 재산 피해를 주는 사고를 의미한다.

출처 : 국토교통부

3) 안전사고 발생원인

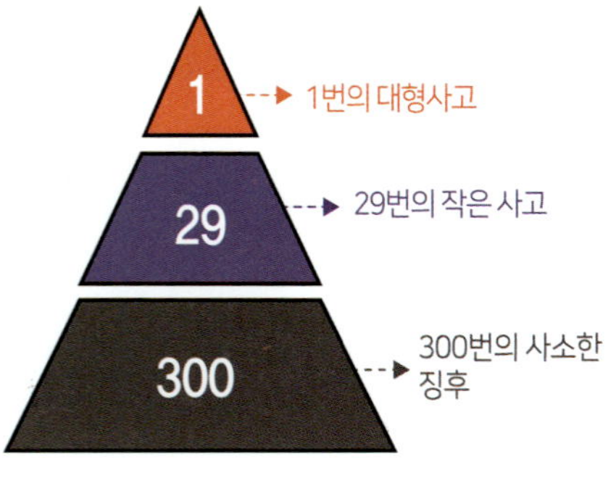

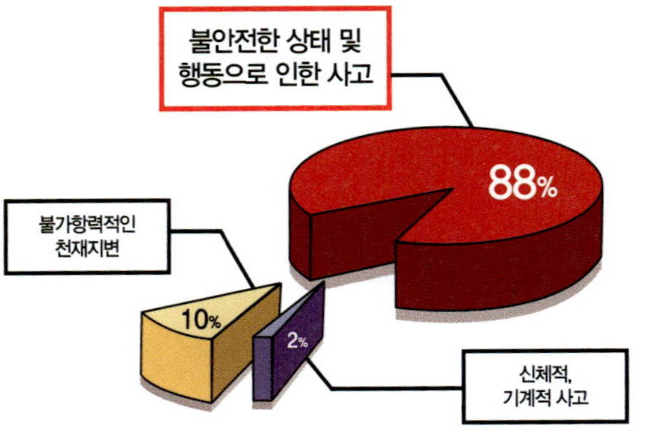

하인리히의 법칙: 1:29:300 법칙에 의하면 큰 사고는 우연히 또는 어느 순간 갑작스럽게 발생하는 것이 아니라 그 이전에 반드시 경미한 사고들이 반복되는 과정 속에서 발생한다고 정의하고 있다. 결국 큰 안전사고는 사소한 것들을 방치하는 안전불감증으로 인해 발생한다고 볼 수 있다.

4) 안전사고 현황

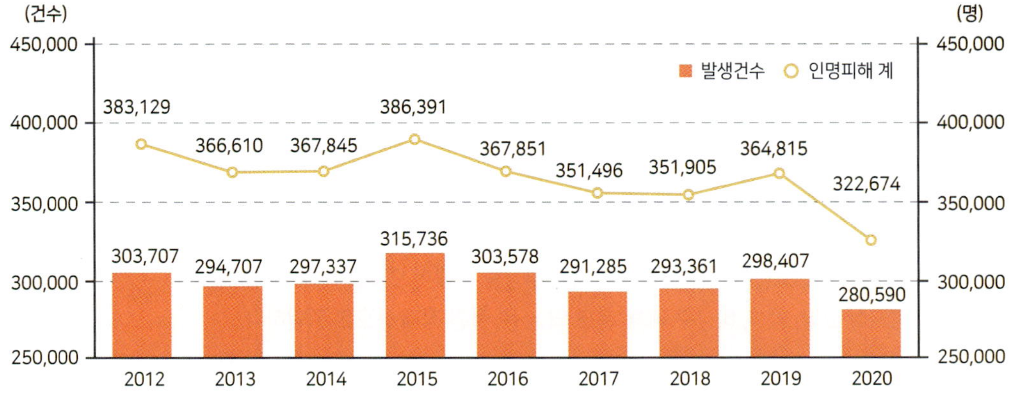

출처: 행정안전부「재난연감(사회재난)」

총 안전사고 발생 건수는 2012년 303,707건에서 2020년 280,590건으로 감소하였다.

5) 안전교육의 필요성

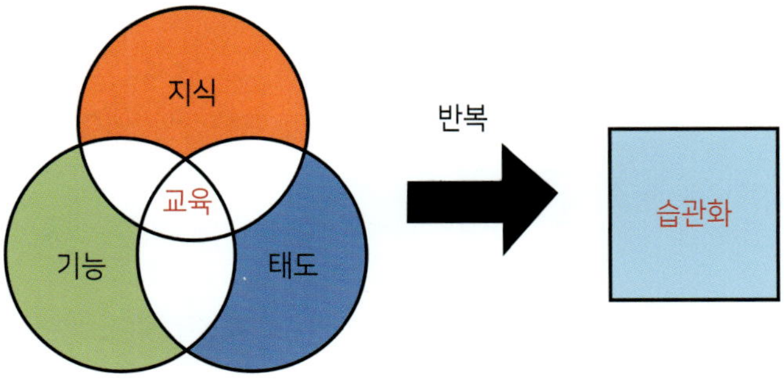

안전교육이란 안전하고자 하는 인간의 기본 심리가 바탕이 되어 사고의 가능성과 위험을 제거할 목적으로 인간의 행동 변화와 물리적 환경에서 발생한 상황 또는 상태, 나와 타인에게 위험을 줄 수 있는 요건에 적극적으로 대처하는 방법을 익히는 것이다.

따라서 안전교육에 대한 지식, 태도, 기능적인 면을 향상시켜 일상생활에서 생활 안전 수행이 자연스럽게 이루어질 수 있도록 습관화하기 위해서는 안전교육이 절대적으로 필요하다.

2. 다중이용시설 안전

1) 다중이용시설이란?

불특정 다수의 사람들이 이용하는 시설을 의미한다.

2) 시설의 위험성

① 불특정 익명의 사람들은 건물 구조에 익숙하지 않아 재난에 취약하다.
② 많은 사람들이 밀집되어 있어 인명피해가 커질 수 있다.
③ 최근 건축물의 고층화, 실내장식물에 의한 무창층 방해 등으로 화재에 취약하다.
④ 소방시설 고장, 방치, 비상구 폐쇄, 용도 외 사용, 물건 적재 등으로 위험하다.

3) 시설 유형에 따른 위험성

음식점	음식 조리를 위한 고출력의 화기를 사용하는 장소
	· 기름 등을 사용하는 장소로 화재 발생 시 확산 위험
병원	질병 치료를 위해 병상에 누워 있는 공간
	· 취사를 위해 화기 사용도 가능 · 응급환자, 중증환자는 자력 대피 불가로 위험
유치원/어린이집	취학 전 영유아들이 교육받는 시설
	· 재난인지가 부족한 유아가 활동하며, 재난 발생 시 대피 지연 위험
산후조리원	출산 후 산모들이 산후조리를 위해 있는 시설
	· 거동이 불편한 산모와 자력대피가 불가능한 신생아가 있는 공간으로 위험
요양원	노인 등 거동이 불편한 분들이 상주하는 시설
	· 재난 발생 시 인지가 취약하며, 관계자가 없으면 자력대피 불가
도시형 생활주택	많은 사람이 함께 거주하는 시설
	· 소방 시설은 공동주택보다 미비하며, 주차 문제 등으로 소방차 진입 어려움

유흥주점	술을 마시는 공간으로, 칸막이 구조로 되어있음
	· 지하층일 경우 비상구 찾기 어려움 · 주취자가 대부분이라 돌발행동이 많아 위험
영화관	영화 상영을 위해 어둡고 창문이 없도록 설계된 공간
	· 유사시 비상구에 대피 인원 집중으로 압사 위험이 높음
노래방	노래를 부르는 공간으로 좁고 밀집된 칸막이 시설
	· 무인 운영 시설은 관리자 부재로 더욱 위험 · 방음시설에서 큰 소리로 노래를 부르기 때문에 재난 시 인지 취약
모텔/여관	숙박을 위한 시설
	· 숙박 공간 특성상 재난 발생 시 대피 지연 · 호텔에 비해 소방시설 미비
고시원	숙박을 위한 공간이며, 좁고 밀집된 칸막이 시설
	· 숙박시설이지만 관계자 수 부족 · 외국인 투숙 시 재난 상황 전파가 어려워 위험
키즈카페	영유아들이 뛰어노는 공간
	· 인테리어 소재가 가연성 스티로폼이나 플라스틱이라 화재에 취약함 · 재난 인지가 부족한 어린이가 많음
찜질방	24시간 운영하며 전기와 가스를 많이 사용하는 시설
	· 목욕용품 비상구 적치 후 습기로 인한 소방설비 부식 · 지하층일 경우 비상구 찾기 어려워 위험
PC방	24시간 운영하며 전기를 많이 사용하는 시설
	· 간이 취식으로 화기 사용 · 지하층일 경우, 비상구 찾기 어려워 위험

4) 시설 내 재난 발생시 행동요령

① 화재를 발견하면 큰 소리로 "불이야"라고 외치고 비상벨이나 건물 내 방송시설을 활용하여 상황을 알린다.

② 대피 시 문을 열어야 한다면 손을 손잡이나 문에 갖다 대어 뜨거운지 확인한다. 문이 뜨겁다면 바깥에 열기가 있다는 것이므로 열지 말고 다른 곳을 찾아야 한다.

③ 대피 과정에서 열었던 문을 그대로 두면 불과 연기의 이동경로가 되므로 꼭 닫고 대피해야 한다.

④ 수건이나 휴지로 코와 입을 막고 이동하면 유독가스 흡입을 줄일 수 있다.

· 마른 수건 : 약 3분 50초
· 휴지 16겹 : 약 6분
· 젖은 수건 : 약 10분

⑤ 화재 시에는 엘리베이터를 이용하지 말고 계단을 이용해야 한다. 화재층에서 문이 열리면 연기가 들어오게 되고 정전이 되면 사람이 갇히기 때문이다.

⑥ 대피를 할 때에는 최대한 자세를 낮추어서 이동해야 한다(화재 시 발생하는 연기는 통상적인 공기보다 가볍고 온도가 높아서 위로 뜨려는 성질이 강하기 때문).

3. 승강기 안전

1) 승강기 안전사고란?

승강기 사용 시 각종 기계 고장과 이용자 부주의로 인해 발생하는 각종 사고를 말하며, 승강기 안전사고는 크게 엘레베이터 사고와 에스컬레이터 사고로 분류한다.

엘리베이터 사고	에스컬레이터 사고
엘리베이터 사고는 빈번하게 발생하는 승강기 사고 중 하나로 정기점검 소홀 및 부품 노후 등으로 인한 기계 오작동, 이용자의 부주의로 인한 사고인 경우가 대부분이다.	에스컬레이터 사고는 인명피해가 가장 큰 승강기 사고로, 기계 오작동이나 노후로 인해 에스컬레이터 운행 중 갑자기 멈추거나 역주행하여 발생한다. 신발, 옷자락 등이 에스컬레이터 틈새에 끼거나 이용자 부주의로 탑승 중 넘어지는 사고도 빈번히 발생한다.

2) 엘리베이터 사고

(1) 사고 유형

① 엘리베이터 문에 손을 대고 있다가 문과 문틈 사이에 손이 끼여 발생되는 사고

② 엘리베이터 문에 충격을 가하여 승강기 안으로 추락하는 사고

③ 엘리베이터에 갇힌 상태에서 임의로 탈출하다 승강로 안으로 추락하는 사고

④ 문이 닫히는 도중 반려견이 밖으로 나가 목줄이 끼이는 사고

(2) 3대 안전수칙

1 문에 손대지 않기

2 문에 충격 가하지 않기

3 갇힘 시 임의로 탈출하지 않기

(3) 사고발생 시 행동요령

① 엘리베이터에 갇히면 비상호출 버튼을 눌러 구조 요청 후 침착하게 기다리세요.

② 엘리베이터 안에서 뛰거나 출입문에 기대면 위험합니다.

③ 반려견은 목줄 끼임 사고 방지를 위해 꼭 안고 타주세요.

④ 지진, 화재가 발생하면 엘리베이터를 이용하지 말고 비상계단으로 신속히 대피하세요.

⑤ 지진, 화재가 발생 시 엘리베이터에 탑승 중이라면 가장 먼저 정지되는 층에서 내려 비상계단으로 대피합니다.

⑥ 비상시에는 승강기 번호를 찾아 알려주세요. 구조가 빨라집니다.

(4) 사고 예방요령

① 엘리베이터를 점검하고 있거나 오작동하는 경우가 있으니 지팡이나 한쪽 발을 이용하여 엘리베이터 바닥면을 미리 확인하고 탑승한다.
② 상시 이용하는 엘리베이터의 호출버튼(비상벨) 위치를 숙지한다.
③ 엘리베이터 관리 책임자 전화번호를 저장해 둔다.
④ 엘리베이터 출입문에 기대지 않으며 흔들거나 밀지 않는다.
⑤ 탑승인원, 적재하중의 초과는 사고 위험성이 있으므로 정원 초과 시 탑승금지한다.

3) 에스컬레이터 사고

(1) 사고 유형

① 에스컬레이터에서 넘어져 승강장 홈에 손가락이 끼이는 사고

② 걷거나 뛰다가 넘어지는 사고

③ 노란 안전선 밖으로 발이 벗어나 디딤판 틈새에 끼이는 사고

④ 손수레를 가지고 이용하던 중 넘어지는 사고

(2) 3대 안전수칙

1 손잡이 잡기

2 걷거나 뛰지 않기

3 노란 안전선 안에 탑승하기

출처 : 한국승강기 안전공단

(3) 탑승 시 행동요령

① 탑승 시 행동요령

· 유아나 반려동물은 안고 타야 하며 어린이나 노약자는 보호자의 손을 잡고 타야 한다.
· 에스컬레이터를 거슬러 타지 않도록 핸드레일을 가볍게 만져보고 주행 방향을 확인한다.
· 에스컬레이터 탑승 전 신발의 물기를 제거한다.
· 밑창이 얇은 슬리퍼, 샌들을 신었을 때는 끼임 사고에 주의한다.

② 탑승 중 행동요령

· 몸의 균형을 위해 반드시 핸드레일을 잡고 이용한다.
· 부딪힐 위험이 있으니 머리나 팔을 핸드레일 밖으로 내밀지 않는다.
· 에스컬레이터에서 걷거나 뛰는 행동은 자제한다.
· 에스컬레이터 틈새에 옷이나 물건이 끼지 않도록 특별히 주의한다.
· 지니고 있는 물건을 꺼내거나 정리해야 할 경우 지면에 도착할 때까지 기다린다.
· 에스컬레이터에 옷자락이 끼었을 경우는 큰 소리로 도움을 요청하여 주위 사람이 비상단추를 눌러 에스컬레이터를 정지시키도록 한다.

③ 지면에 내릴 때 행동요령

· 신발이 지면과 에스컬레이터 사이에 끼지 않도록 발을 계단코의 정확한 위치에 걸쳐 놓는다.
· 에스컬레이터가 끝나는 지점에서 몸이 튕겨져 나갈 위험이 있으므로 지면에 내리기 전까지 핸드레일 등을 이용해 주의를 기울인다.

4. 전기 안전

1) 전기 사고란?

가정에서 가장 쉽게 발생할 수 있는 전기 사고는 전기 화재 사고와 전기 감전 사고로 분류한다.

전기 화재 사고	전기 감전 사고
전기 화재 사고는 합선, 누전, 전기 스파크, 과부하, 과열 등으로 발생한다.	전기 감전 사고는 인체의 일부 또는 전체에 전류가 흐를 때, 전기적 충격에 의해 인체 내에서 일어나는 생리적 현상을 의미한다.

2) 전기 화재 사고

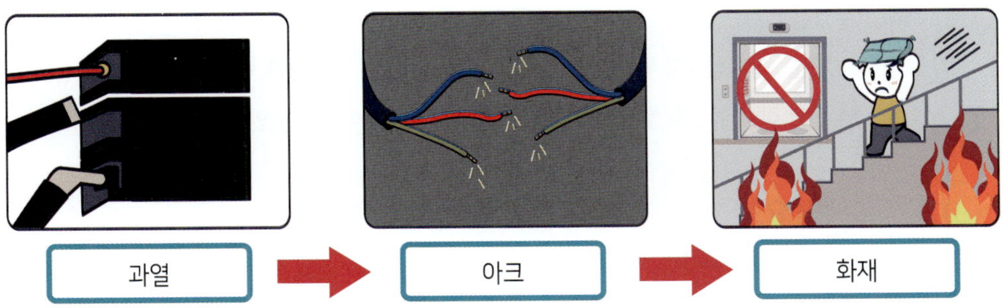

(1) 사고 시 행동요령

① "불이야!"라고 소리치거나 비상벨을 눌러 주변에 알린다.

② 불을 끌 것인지 대피할 것인지 판단한다.

③ 주변의 전선 또는 기기의 전원 스위치를 차단한다.

④ 전기가 통하지 않는 물건(고무장갑 등)을 이용해 전기기기를 분리한다.

(2) 사고 예방 요령

① 규격전선을 사용하고 전기공사는 면허업체를 통하여 공사한다.

② 사용하지 않는 전기제품 플러그는 뽑아둔다.

③ 전선이 문틈이나 가구에 눌리지 않도록 설치한다.

④ 전선의 피복이 벗겨지지 않도록 행동반경 내에 있는 전선을 정리한다.

⑤ 전열제품 주위에 전기코드나 선을 늘어뜨리지 않는다.

⑥ 한 개의 콘센트에 여러 개의 플러그를 문어발식으로 연결하여 사용하지 않는다.

⑦ 콘센트나 전열기구의 먼지를 제거한다.

⑧ 먼지가 쌓이지 않도록 주방이나 욕실 환풍기를 정기적으로 청소한다.

3) 전기 감전사고

(1) 사고 시 행동요령

① 주변의 전선 또는 기기의 전원 스위치를 차단한다.

② 고무장갑과 같은 전기가 통하지 않는 물건을 이용해 전기기기를 분리한다.

③ 의식, 호흡 등의 상태를 확인하고 의식이 없을 시 119에 신고한 후 즉시 심폐소생술을 실시한다.

④ 119 신고 접수 후 전화를 끊지 않고 상황에 적합한 응급처치법을 안내받는다.

(2) 사고 예방 요령

① 여러 가지 전기 제품을 한꺼번에 사용하지 않는다(화재 및 감전 원인).

② 손상된 플러그는 교체 후 사용한다(감전, 합선의 원인).

③ 젖은 손으로 플러그를 만지지 않는다.

④ '위험', '고압' 등이 쓰인 장소에는 절대로 가까이 가지 않는다.

4) 안전한 전기 사용법

① 전기 코드 분리 시 플러그를 잡고 뽑는다(피복 안 구리선 보호).

② 평소 누전차단기 사용한다.

③ 고장난 전기기기는 전문 업체에 맡겨 수리한다.

④ 유아가 있는 집에서는 덮개가 있는 콘센트를 사용한다.

⑤ 물에 젖은 전기기기는 바로 사용하지 않는다.

5. 가스 안전

1) 가스 안전사고란?

가스의 누출 때문에 일어나는 폭발 사고, 화재 사고, 질식 또는 산소결핍 등의 사고, 가스시설과 제품의 노후·불량 등 때문에 발생하는 사고를 말한다.

2) 가스 누출 시 대처요령

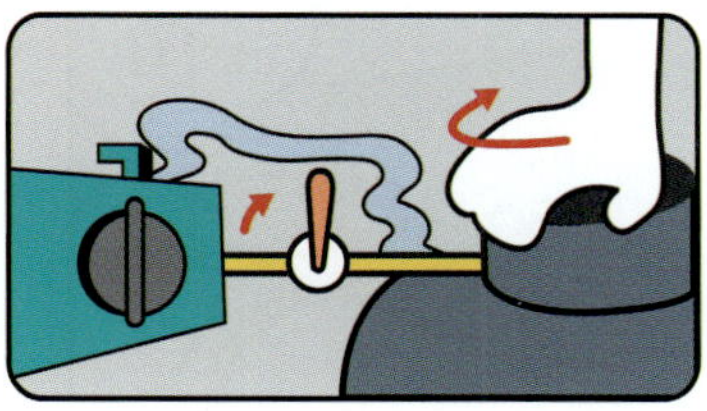

① 밸브 잠금

연소기 콕, 중간밸브, 용기밸브(도시가스인 경우에는 계량기에 부착된 밸브)를 잠가야 한다.

② 환기

창문과 출입문을 열고 환기를 충분히 시켜야 한다.

③ 화기 조심

화기를 멀리하고 전기기구를 절대로 만져서는 안 된다(전기 스파크는 폭발의 원인이 될 수 있다).

④ 점검

가스를 공급한 업소에 연락하여 점검을 받은 후 사용해야 안전하다.

3) 안전한 가스 사용법

사용 전 환기 가스불을 켜기 전에는 창문을 열어 환기를 충분히 한다.

사용 전 점화 확인 점화할 때에는 불이 붙었는지 확인한다.

사용 후 밸브 잠금 연소기 콕과 중간밸브를 모두 잠근다.

평상시 누출점검 호스와 연소기 등의 이음매와 호스에서 가스가 새지 않는지 비눗물이나 점검액 등으로 수시로 점검한다.

4) 휴대용 부탄연소기 사고 예방

① 과대불판을 사용하지 않기

② 부탄가스를 뜨거운 물에 끓여서 사용하지 말기

③ 가연성 가스통(부탄캔 등)을 화기 주위에 보관하지 않기

Chapter

02

교통 안전

1. 교통 안전
2. 개인형 이동장치 안전
3. 자전거 안전

1. 교통 안전

1) 교통 안전이란?

도로이용자가 교통질서와 교통법규를 잘 지켜 사고를 미연에 방지하는것을 의미한다.

2) 교통사고 현황

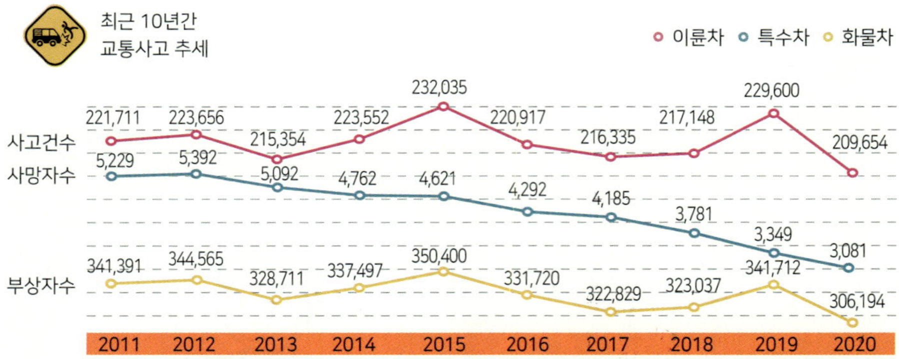

출처 : 도로교통공단(2020)

최근 10년간 교통사고 추세를 보면 2020년 사망자수는 3,081명으로 의미 있는 감소 추세를 보이고 있다. 그러나 2020년에는 사고건수 209,654명, 부상자수 306,194명으로 10년 전과 비교해 미미한 감소 추세를 보이고 있다. 이에 앞으로도 체계적인 교통사고 예방 교육이 필요해 보인다.

3) 교통사고 원인

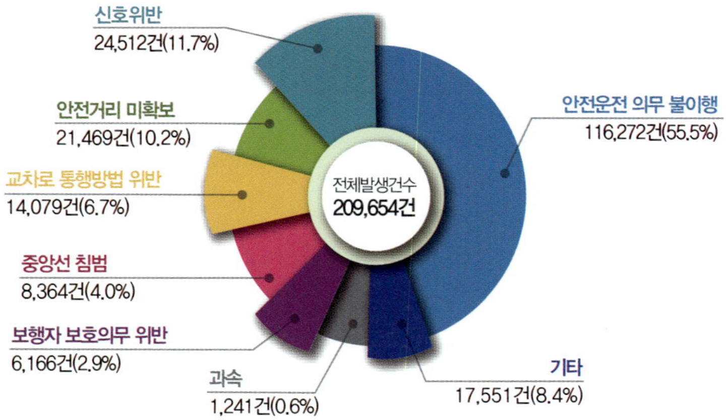

출처 : 도로교통공단(2020)

교통사고 원인 중 안전운전 의무 불이행이 55.5%로 가장 높게 나타났다. 운전자들이 안전운전 의무를 이행할 수 있는 교육과 홍보가 지속적으로 이루어져야 한다.

4) 교통 안전 교육의 필요성

교통 안전 교육
왜 필요할까요?

교통 안전 교육을 통해 교통 안전에 대한
올바른 지식과 태도를 확립함으로써
자신의 안전뿐 아니라
타인의 안전까지 예방할 수 있다.

5) 교통사고 예방법

(1) 보행자 안전 수칙

(2) 운전자 안전수칙

규정속도 준수로 과속하지 않기

절대 음주운전 하지 않기

출발 전 안전띠 매는 습관 들이기

(3) 2차 교통사고 예방을 위한 안전 수칙

① 교통사고 발생

② 비상등 켜기

③ 차량 갓길 등 안전한 곳으로 이동

④ 차량 후방 안전삼각대
및 불꽃신호기 설치

⑤ 탑승자 가드레일
밖으로 대피

⑥ 112(경찰), 119(소방)
1588-2504(긴급견인) 신고

출처 : 교통안전공단

6) 개정된 도로교통법

2018. 9. 28부터 시행

(1) 안전띠 착용 의무화

① 2018년 9월 28일부터 '전 좌석 안전띠 의무화' 가 시행 중이다.

② 시내버스나 마을버스를 제외한 대부분의 차량 내 탑승자 전원이 안전띠를 매도록 규정이 변경되었다.

③ 어길 경우 과태료 3만 원이 부과되며, 13세 미만 어린이가 안전띠를 매지 않은 경우 과태료 6만 원이 부과된다.

(2) 자전거 음주운전 처벌 강화

① 자전거 도로교통법상 '차'로 분류되므로, 음주 운전 사고를 내면 형사처벌을 받는다.

② 음주 측정 시 혈중 알코올 농도가 0.03% 이상인 경우 20만 원 이하의 벌금이나 구류 또는 과료가 부과되며, 음주 측정 불응시에는 10만 원의 범칙금이 부과된다.

2019. 1. 1부터 시행

(3) 고령 운전자 적성검사 기간 변경

① 2019년부터는 75세 이상의 경우 면허 적성검사기간이 5년에서 3년으로 단축되었다.

② 면허 취득할 때나 적성검사 기간에 고령 운전자 맞춤형 교통안전 교육은 의무이다.

2. 개인형 이동장치 안전

1) 개인형 이동장치란?

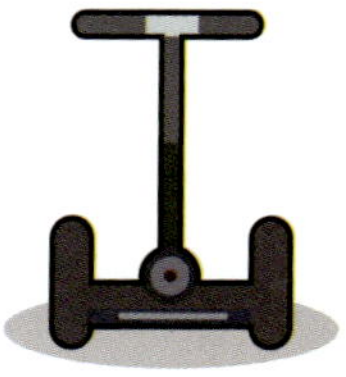

개인형 이동장치란 도로교통법상 최고속도 25km/h 미만, 자체중량 30kg을 넘지 않는 전동 스쿠터나 보드처럼 전기를 이용해 움직이는 간편한 1인용 운송수단을 말한다. 자동차 구매 및 유지 비용이 부담스럽거나 대중교통을 이용하는 것이 힘든 직장인, 청소년, 아이들에게 차세대 이동 수단으로 자리잡고 있다. 2016년 6만 대 가량이던 시장 규모는 2022년 20~30만 대 수준에 도달할 것으로 예상된다.

2) 안전규정

- 2021. 5. 13 도로교통법 제 17891호 원동기 면허 이상(만 16세 이상)자전거 도로 통행 원칙
- 무면허 시 범칙금 10만 원
- 13세 미만 탑승금지. 탑승 시 부모가 과태료 10만 원
- 동승자 탑승 금지 미준수 시 범칙금 4만 원
- 안전모 착용의무 미준수 시 범칙금 2만 원
- 등화장치 필수 미준수 시 범칙금 1만 원
- 과로, 약물 등 운전금지 미준수 시 범칙금 10만 원
- 음주운전 시 범칙금 10만 원(음주측정불응 시 13만 원)

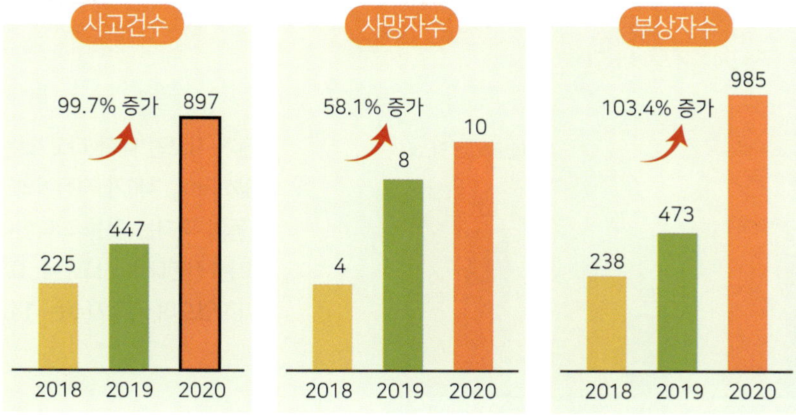

2020년 개인용 이동장치의 사고건수 897명, 사망자수 10명, 부상자수 985명으로 연평균 급격히 증가하고 있다. 이에 개인용 이동장치 이용 시 체계적인 안전 수칙 교육이 필요할 것으로 보인다.

출처: 한국교통안전공단(2020)

3) 안전수칙

① 제한 속도 및 무게 지키기

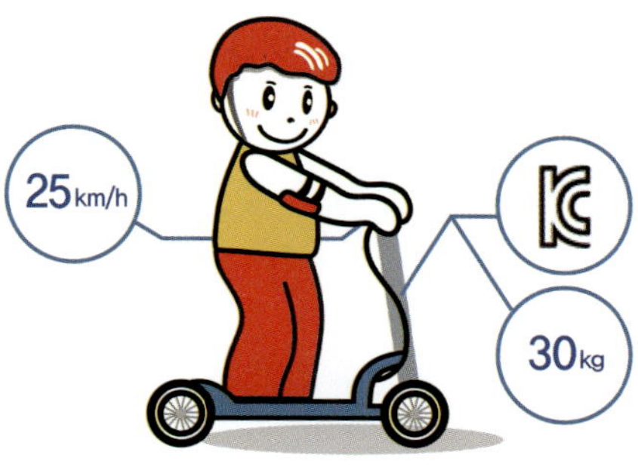

② 안전모 및 보호구 착용하기

③ '자전거 도로' 또는 '차도' 우측 가장자리에서 타기

④ 운전 중 휴대전화 사용하지 않기

3. 자전거 안전

1) 자전거 교통사고

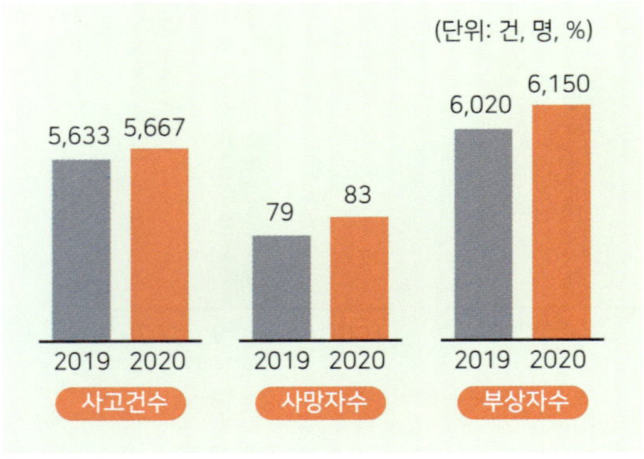

자전거 사고란 내가 타고 있는 자전거가 무언가에 부딪히거나, "내"가 자전거와 부딪혀 운전자, 보행자 등이 다치는 것을 의미한다. 이중 자전거 교통사고는 전년대비 사고건수 0.3%, 부상자수 0.9% 증가하였으며, 사망자수는 14.7%로 급증하였다.

출처 : 도로교통공단(2020)

2) 사고 시 가장 위험한 부위

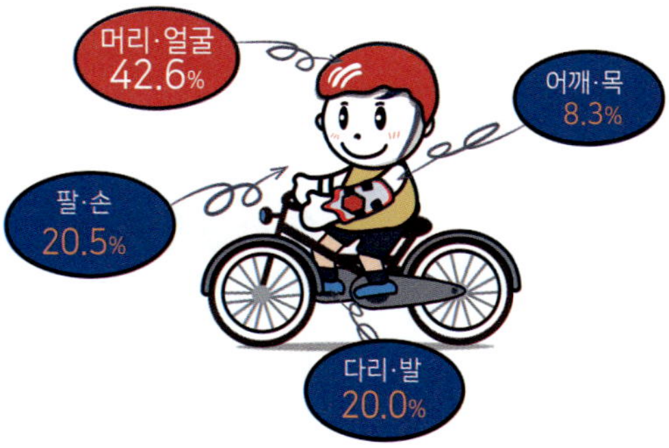

자전거 사고로 인한 응급실 내원 환자의 손상 발생 부위 중 가장 높은 비율은 머리 부분이다. 특히 9세 이하의 어린이는 20~59세 성인에 비해 머리 손상 발생 위험이 50% 더 높다.

출처 : 한국소비자원(2021)

3) 안전모 착용률

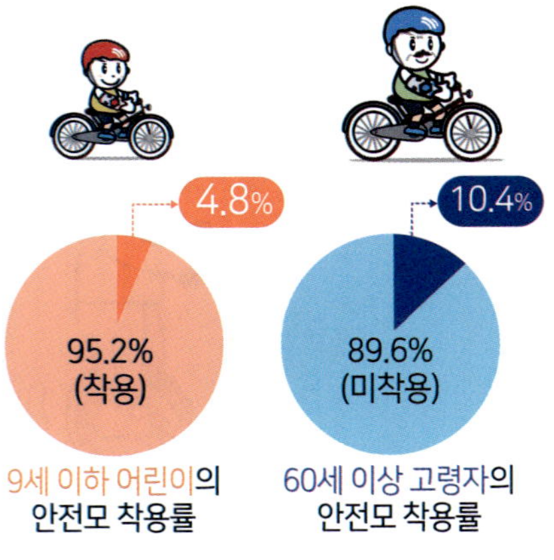

자전거 사고로 인한 응급실 내원 환자 중 자전거 안전모 착용률을 조사한 자료에 의하면 9세 이하 어린이와 60세 이상 고령자에서 낮은 착용률을 보였다. 자전거 안전모 착용은 선택이 아닌 필수임을 인식시키고 생활화하도록 교육을 실시한다.

출처 : 국립중앙의료원(2017)

4) 안전모 착용 시 안전율

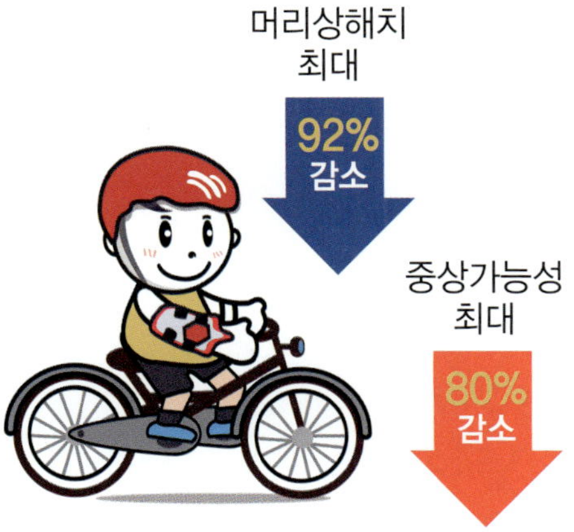

자전거를 탈 때 안전모를 착용하면 머리상해치를 최대 92% 감소시킬 수 있다. 특히 안전모 착용 시 중상 가능성은 최대 80%까지 감소시킬 수 있다.

출처 : 한국교통안전공단 실험결과(2017)

5) 사고 예방법

(1) 주행 전 자전거 안전점검

(2) 자전거 수신호

① 오른쪽으로 진행한다.
(오른쪽으로 방향 전환할 때)

② 왼쪽으로 진행한다.
(왼쪽으로 방향 전환할 때)

③ 정지한다.
(전방에 상황 발생 시나 곧 정지하려고 할 때)

④ 노면을 조심한다.
(도로에 장애물이나 움푹 파인 부분이 있어 피해가야 할 때)

⑤ 서행한다.

⑥ 한 줄로 진행한다.

⑦ 두 줄로 진행한다.

⑧ 붙어서 진행한다.
(드레프팅 등 앞 뒤 간격을 좁혀 진행할 때)

6) 자전거 관련 법규

(1) 자전거 음주운전 단속처벌

술에 취한 상태로 자전거를 운전하는 경우 20만 원 이하의 벌금이나 구류 또는 과료에 처한다.

(2) 안전모 착용의무 부과

자전거 도로 및 도로교통법에 따른 도로를 운전할 때에는 자전거 운전자 및 동승자는 반드시 안전모를 착용해야 한다.

(3) 전기자전거의 보도통행 금지

원동기를 끄지 않고 운행하는 전기자전거를 노인이나 신체 장애인이 운전하는 경우에도 보도 통행을 해서는 안 된다(4만 원 과태료 부과).

7) 5대 안전 수칙

① 안전모 반드시 착용하기

② 야간에는 라이트 켜기

③ 휴대전화, 이어폰 사용하지 않기

④ 과속하지 않기

⑤ 음주운전하지 않기

Chapter
03

소방 안전

1. 불, 소화
2. 화재
3. 화재 발생 시 대처요령
4. 소방시설 중 경보설비
5. 소방시설 중 피난구조 설비
6. 소방시설 중 소화설비

1. 불, 소화

1) 불

(1) 불이란?

어떠한 물질이 산소와 결합하여 열과 빛을 내면서 타는 현상을 말한다.

(2) 연소의 3요소

① 불꽃 : 열, 열원, 점화원
② 산소 : 공기
③ 불에 탈 수 있는 물건 : 연료, 가연물

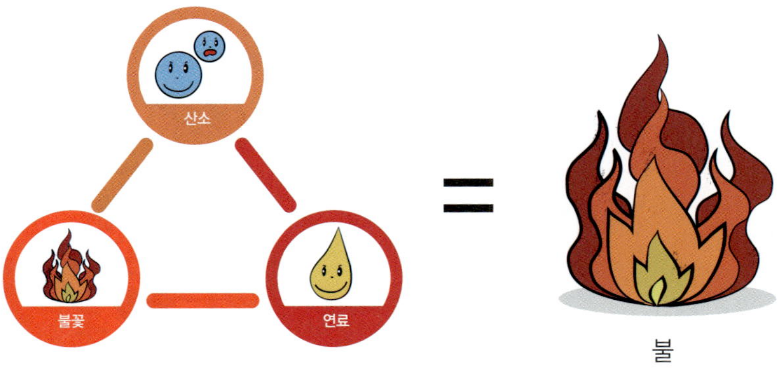

2) 소화

(1) 소화란?

소화는 재발화가 되지 않도록 가연물의 온도를 발화점 이하로 냉각하거나, 산소의 공급을 차단하거나 가연물을 화재 현장 밖으로 제거하거나 또는 연소의 연쇄반응을 억제하는 것 등을 말한다.

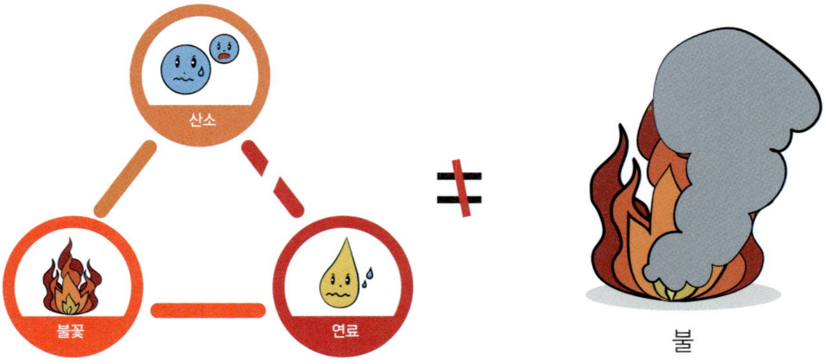

(2) 소화의 방법

① 냉각소화

열을 흡수하여 가연물을 발화점 이하 온도로 낮추는 소화 방법이다.

예) 불에 타고 있는 연소물질에 물을 뿌려 소화하는 방법, 식용유 화재 시 상온의 식용류를 부어 소화하는 방법 등

② 제거소화

연소 중인 가연물을 차단하는 소화 방법이다.

예) 전기화재 시 전원 차단, 가스화재 시 밸브를 잠그는 것 등

③ 질식소화

공기 중의 산소를 차단하여 소화하는 방법이다(공기 중 산소 농도를 15% 이하로 낮춤).

예) 수건, 담요, 이불 등으로 덮어 소화하는 방법, 알코올 램프의 뚜껑을 덮어 소화하는 방법 등

2. 화재

1) 화재란?

인간이 의도하지 않은 또는 고의로 불을 낸 것을 의미하며, 소화시설을 이용해 화재를 진압할 필요가 있는 화학적인 폭발 현상을 말한다.

2) 연도별 화재 발생현황

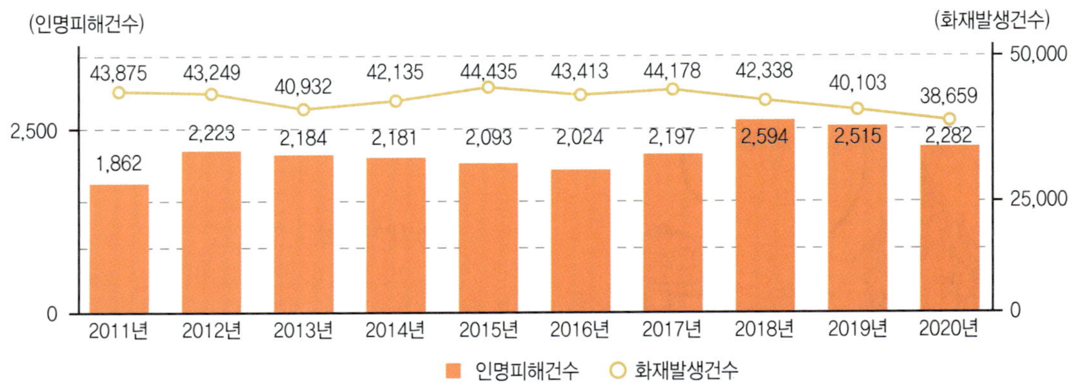

소방청 '화재통계연보'에 따르면 매년 4만 건에 가까운 화재사고가 발생하고 있으며, 최근 5년간 인명피해건수는 매년 2천 명이 넘는다. 특히 화재 사고 중 대형화재로 인한 인명피해 및 재산피해가 급격하게 늘고 있다.

출처: 소방청(화재통계연보, 2020)

3) 화재 발생원인

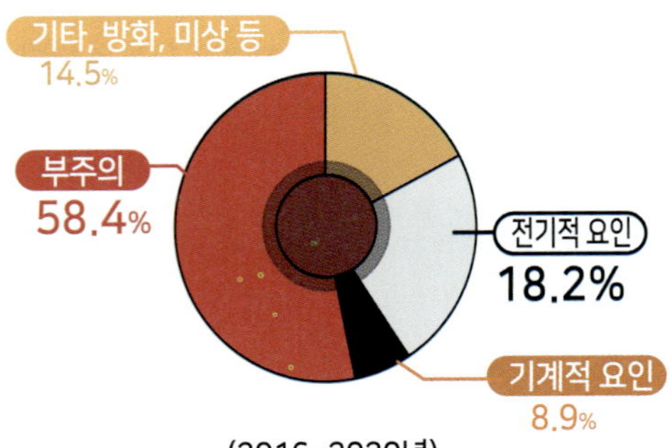

(2016~2020년)

① 부주의

화재의 대부분은 담배꽁초, 용접, 음식 요리 중 부주의에 의해 발생

② 전기적 요인

누전, 전기 콘센트 과부하, 과열, 전기불꽃 등 전기적 요인에 의해 발생

③ 기계적 요인

환풍기, 선풍기 등의 모터 과열, 집진기 등의 내부열이 고온의 환경에서 지속해서 축적됐다가 주변 가연 물질로 옮겨가 발생

출처: 소방청(화재통계연보, 2020)

4) 화재의 분류

일반 가연물

① A급 일반 화재

나무, 솜, 고무, 종이 등 일반 가연성 물질 화재 시 사용한다.

유류 및 가스

② B급 유류 화재

휘발유, 등유 등 가연성 액체와 LPG, LNG(도시가스)를 포함하는 가연성 가스에 의한 화재 및 폭발 시 사용한다.

전기

③ C급 전기 화재

전기 스파크, 단락, 과부하 등 통전 중인 전기 장치 및 설비의 화재 시 사용한다.

식용류

④ K급 주방 화재

주방에서 동식물유를 취급하는 경우 발생하는 화재 시 사용한다.

소화기 사용(예)

① 전기다리미 창고의 불은 A급 화재
② 전기다리미를 사용하다 전선이나 콘센트에 합선이 일어나 불이 나면 C급 화재
③ 식용유가 담긴 그릇에서 화재가 발생했다면 K급 화재, 그로 인해 주방비품에 화재가 번졌다면 A급, K급 화재

3. 화재 발생 시 대처요령

1) 행동요령

(1) "불이야" 주위에 알리기

① 불을 발견하면 "불이야!"라고 큰 소리로 외쳐 다른 사람에게 알린다.

② 주위에 발신기가 있으면 누른다.

(2) 대피하기

① 입과 코를 가린다.
② 자세를 낮춘다.
③ 벽을 찾아 짚는다.
④ 비상구로 대피한다.

(3) 신고하기

① 안전하게 대피 후 119에 신고한다.
② 안전한 곳으로 대피한 후 인원을 확인하고 주변에 보이지 않는 사람이 있다면 출동한 소방관에게 알려준다.

2) 대피 시 주의사항

① 앞쪽에 있는 엘레베이터를 이용하지 않고 계단을 이용한다.

② 숨지 않는다. 대피 시 문을 닫고 대피한다.

③ 손잡이가 뜨거우면 들어가지 않는다.

④ 갇힌 경우 창문을 통해 알린다.

4. 소방시설 중 경보설비

1) 경보시설이란?

화재발생 사실을 통보하는 기계, 기구 또는 설비를 말한다.

2) 경보설비 종류

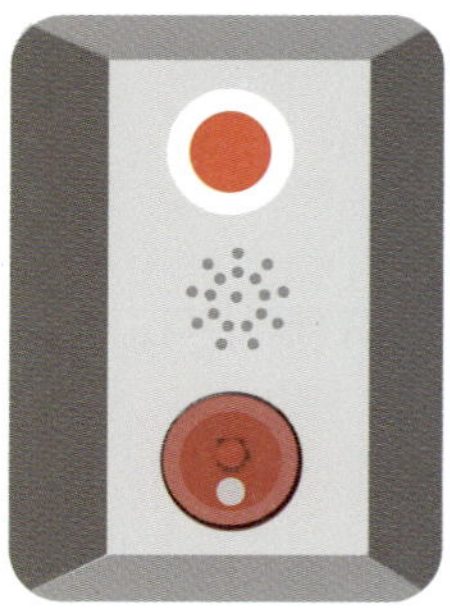

① 발신기(비상벨)

경보를 울려 소리로 화재 발생을 알리는 설비이다. 발신기의 누름스위치를 누르면 연결된 다른 비상벨도 경보가 작동되며 상단 램프가 점등된다.

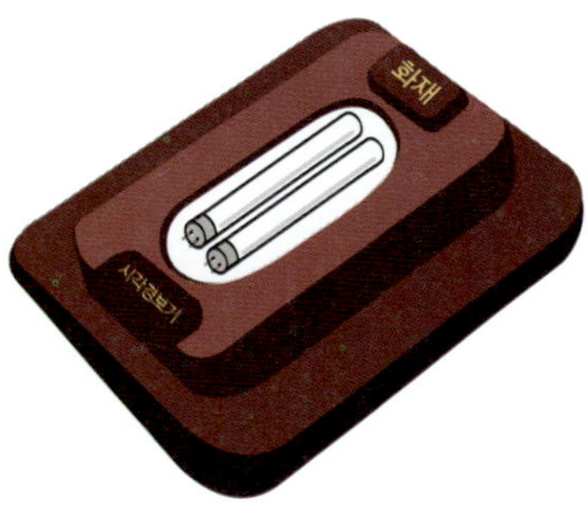

② 시각경보기

점멸 방식이며 섬광으로 화재 경보를 알려주는 장치로 비상벨의 경보를 들을 수 없는 청각 장애인에게 화재 발생을 시각적으로 알리기 위한 경보 설비로 활용된다.

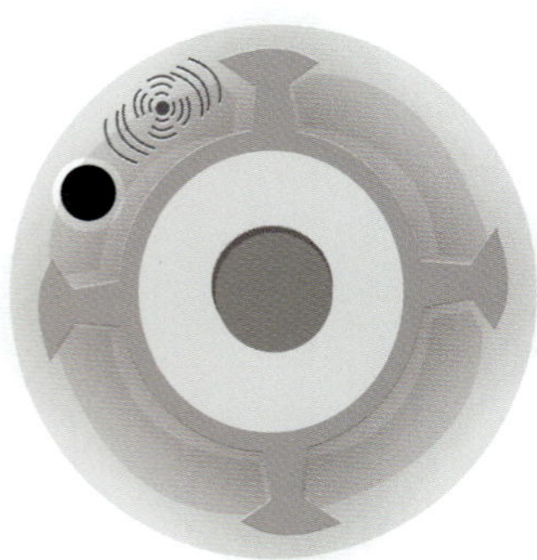

③ 단독경보형 감지기

열에 의한 화재를 감지하여 신속하게 경보하기 위한 설비이다. 건전지와 음향장치가 들어 있으며, 건물 내에 설치되어 있어 관리가 간단하고 비용이 저렴한 장점이 있다.

5. 소방시설 중 피난구조 설비

1) 피난구조 설비란?

사람들을 화재 현장으로부터 안전한 장소로 피난시킬 수 있는 기구를 말한다.

2) 피난 기구 종류

(1) 완강기

① 완강기 배치(3층 이상 10층 이하의 층)

고층에서 화재 발생 시 건물 외부로의 탈출을 돕는 장치로 각 층별(높이)에 따라 다양한 제품이 있다. 설치 장소에 따라 반복 사용이 가능한 완강기와 1회 사용이 가능한 간이완강기로 구분된다.

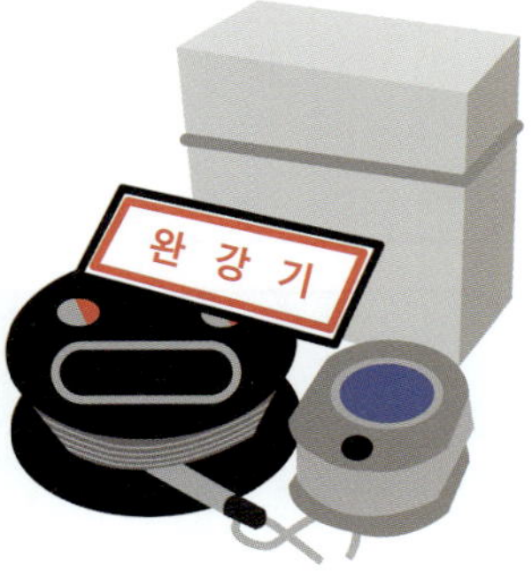

② 완강기 사용법

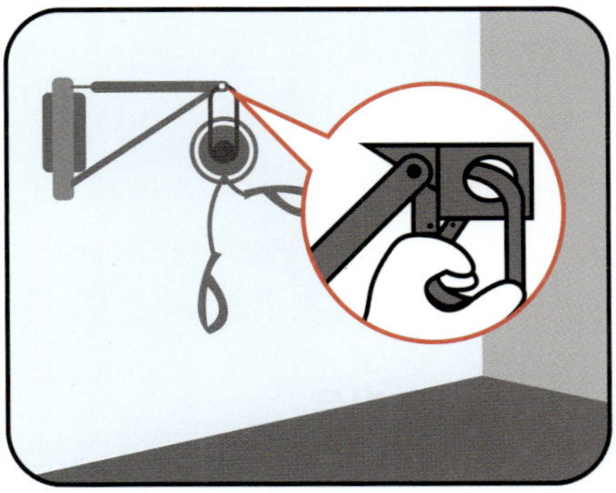

㉠ 지지대 고리에 완강기 고리를 걸고 잠근다.

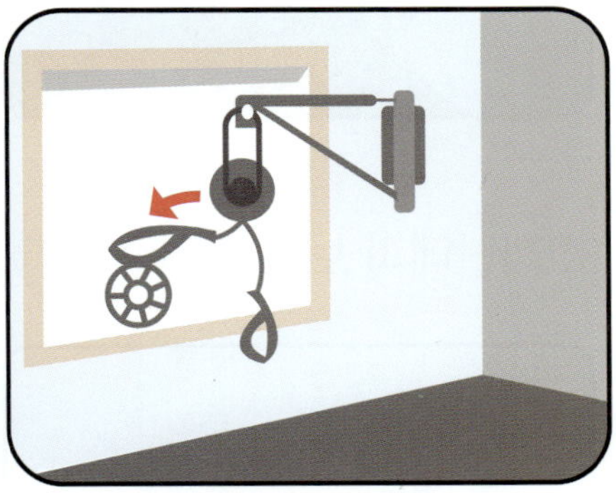

㉡ 지지대를 창 밖으로 밀고 릴(줄)을 창밖으로 던진다.

㉢ 완강기 벨트를 가슴 높이까지 걸고 조인다.

㉣ 벽을 짚으며 안전하게 내려간다.

(2) 구조대

포지 등을 사용하여 자루 형태로 만든 것으로 화재 시 사용자가 그 내부에 들어가서 내려옴으로써 대피할 수 있는 것을 말한다.

(3) 피난사다리

화재 시 안전한 장소로 긴급대피를 위해 사용하는 사다리로 건축물의 개구부에 설치한다.

종류로는 고정식 사다리, 올림식 사다리, 내림식 사다리가 있다.

3) 피난대피 보조 장비

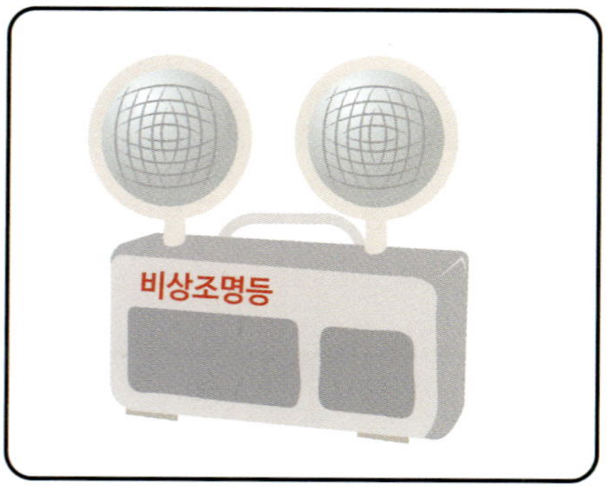

(1) 비상조명등

화재 발생 시 정전, 연기로 시야 확보가 어려워도 신속한 피난을 돕는 조명으로 자동 점등된다.

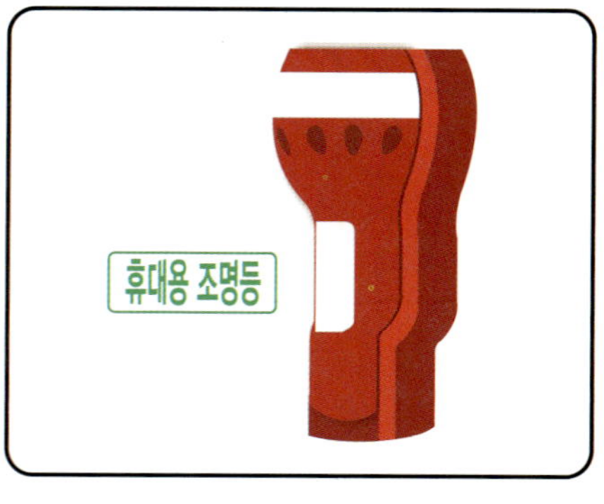

(2) 휴대용 비상조명등

지하상가, 마트, 철도역사, 공항, 영화관, 숙박시설, 강당, 터미널 등 넓은 거실이나 통로에 설치된다.

4) 유도등

(1) 피난구 유도등

피난구 또는 피난경로에 사용되는 출입구를 표시하여 피난을 유도하는 등이다. 거실(넓은 공간), 실내에서 외부로 이어지는 비상문의 천정이나 벽에 설치되어 있다.

(2) 통로 유도등

비상용 조명으로 사용할 때가 많으며 피난경로의 계단 및 경사로에 설치되어 있다. 통로 유도등으로는 복도 통로 유도등, 거실 통로 유도등, 계단 통로 유도등이 있다.

(3) 객석 유도등

조명이 어두운 상황에서 조도가 약한 등을 객석의 통로, 바닥 또는 벽에 설치하여 사람을 유도하는 등이다.

6. 소방시설 중 소화설비

1) 소화설비란?

물 또는 그밖의 소화약제를 사용하여 소화하는 기계, 기구 또는 설비를 말한다.

2) 소화설비 종류

(1) 소화기

① 소화기 점검 방법

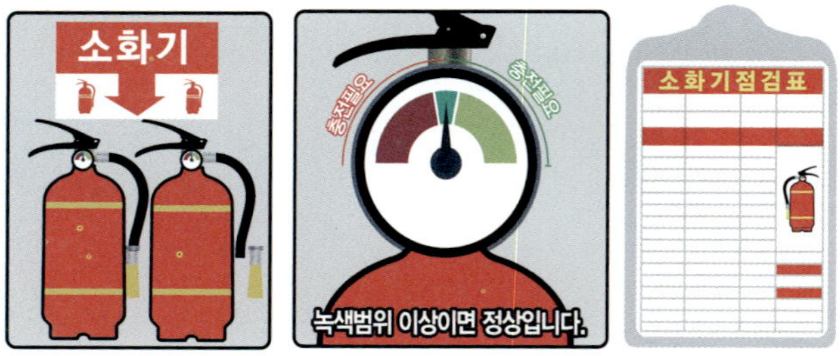

· 소화기는 1.5m 이하의 높이에 설치하고 스티커를 부착하여 식별에 용이하도록 한다.
· 안전핀 이탈 유무를 확인한다.
· 부식되거나 찌그러짐과 같은 변형이 보이는 경우는 폐기한다.
· 정상적인 소화기는 게이지가 녹색범위를 지시한다.
· 한 달에 한 번 소화기를 뒤집어 약제가 굳는 것을 예방한다.
· 점검을 마치면 점검일, 점검자 등을 점검표에 기록하며 최소 한 달에 한 번씩 점검한다.
· 2년 주기로 정밀 점검을 하며, 소화기 교체주기는 8년을 권장한다.

② 소화기 사용법

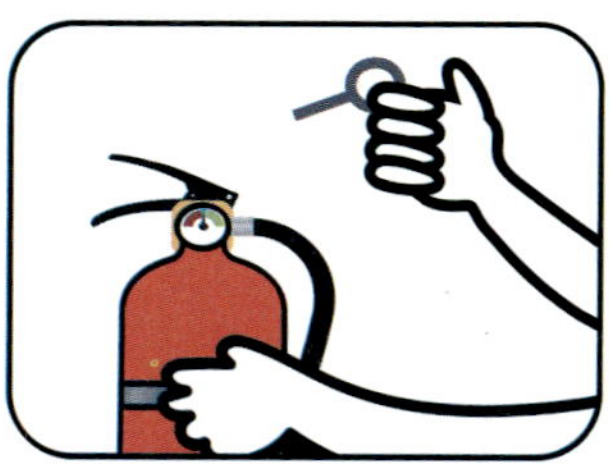

㉠ 안전핀을 뽑는다.

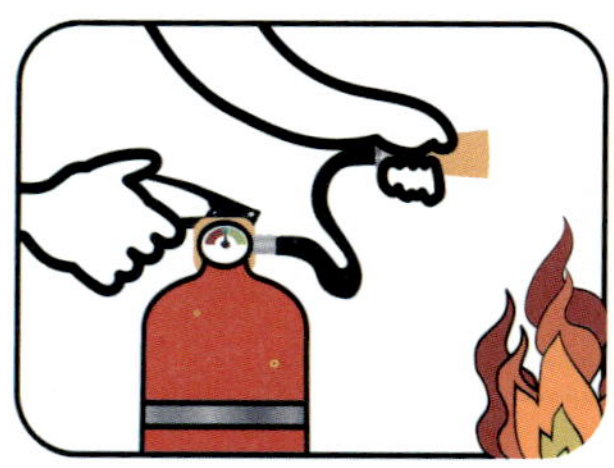

㉡ 노즐을 잡고 불쪽으로 향한다.

㉢ 손잡이를 움켜쥔다.

㉣ 비로 쓸 듯이 뿌린다.

(2) 간이소화용구

① 에어로졸식

무게가 가볍고 부피가 작아 가정에 보관이 용이하고, 휴대가 간편하여 차량용 소화기로도 유용하다. 사용이 간단하며 약제가 남았을 경우 재사용도 가능하다.

② 투척용

가볍고 사용이 편해서 어린이, 노약자 등 누구나 사용이 가능하고 화재로 인해 온도가 올라가면 자동으로 용기가 파손되며 약제가 방출된다. 반영구적으로 보관이 가능하며, 진화 후 약제로 인한 피해가 없다. 호텔, 병원, 어린이집, 노인시설, 의료시설 등에 설치된다.

(3) 스프링클러

① 자동확산소화기

화재를 감지하여 자동으로 소화 약제를 방출·확산시켜 국소적으로 소화하는 소화기를 말하며 주로 화재 위험이 높은 보일러실, 주방 등 천정에 설치된다.

② 스프링클러

실내의 천장, 벽 등에 위치하며, 화재 감지기가 화재를 감지하는 즉시 배관 내의 물이 헤드로부터 분사되는 초기 소화 설비이다. 사람이 없는 야간에도 자동으로 화재를 감지, 경보, 소화하는 신뢰적인 안전한 설비이다.

3) 옥내소화전

(1) 옥내소화전이란?

초기 화재를 소화하기 위한 목적으로 건물 내부에 설치하는 방수구와 배관, 기동용 수압개폐장치, 송수구 등으로 구성된 설비를 합쳐서 옥내소화전이라고 한다.

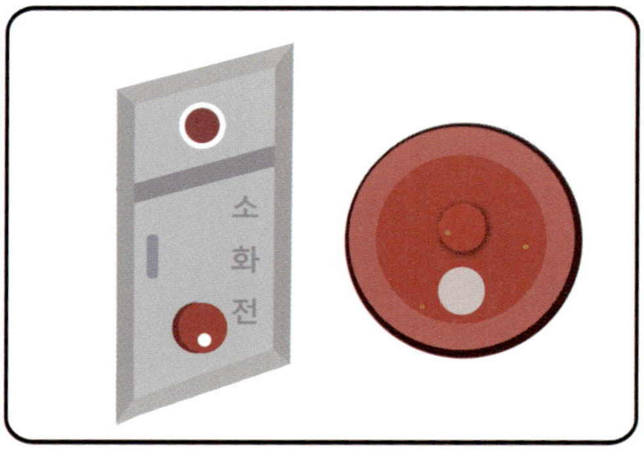

① 옥내소화전의 배치 : 소방대상물의 층마다 설치하되 층의 각 부분으로부터 1개의 호스 접결구까지의 수평거리가 25m를 초과할 수 없다.

② 설치 위치 : 옥내소화전 개폐밸브는 바닥으로부터 높이 1.5m 이하인 곳에 설치하여야 한다.

(2) 사용법

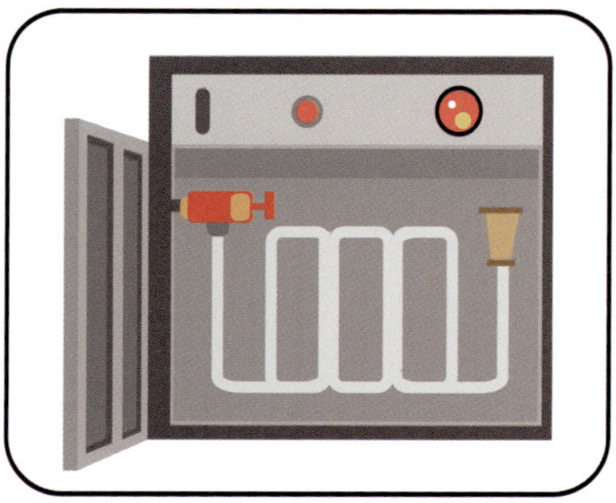
① 소화전함 문을 연다.

② 호스를 반듯이 편다.

③ 밸브를 돌린다.

④ 노즐을 돌려 불을 끈다.

Chapter

04

해양 안전

1. 해양 안전의 이해
2. 연안 안전
3. 선박 안전
4. 생존 수영
5. 해양 안전정보 서비스 앱(APP)

1. 해양 안전의 이해

1) 해양 안전이란?

바다는 우리 삶의 터전이자 섬과 육지를 이어주는 중요한 교통로이다. 삼면이 바다로 둘러쌓인 우리나라는 해양운송 수단을 이용한 물동량에 따른 경제적 영향과 다양한 취미 활동을 통한 해양레포츠 활동 인구의 증가 등 엄연한 해양선진국가이다.

최근 선박은 대형화, 고속화, 자동화로 발전하고 있다. 하지만 바다는 경제적 효율성과 해양선박사고 발생 시 큰 피해를 입을 수 있다는 위험성을 동시에 가지고 있다. 쉽게 말해 바다는 우리에게 많은 것을 주지만 그만큼 위험도 존재한다는 것이다. 이에 해양 안전은 해양환경의 다양성, 복합성, 예측 불가능성 등의 특성을 고려하여 위험요소의 최소화를 통해 보장받을 수 있는 개념을 말한다.

2) 해양의 자원

해양자원이라 함은 인간생활에 필요한 해양의 모든 자원을 말한다. 흔히, 우리는 수산자원만을 생각하지만 물질 자원에 국한한다면 생물자원, 비생물자원으로 구분할 수 있다. 최근 해양공간 그 자체로 이른바 제4의 해양자원을 포함하고 있어 해양자원의 개념은 점차 확대되고 있다. 해양자원은 해양광물자원, 해양생물자원, 해양에너지자원, 해양공간자원 등 4가지로 구분하고 있다. 이처럼 해양이 우리에게 많은 것을 제공하고 있는만큼 해양을 이해하고 활용해야 할 필요가 있다.

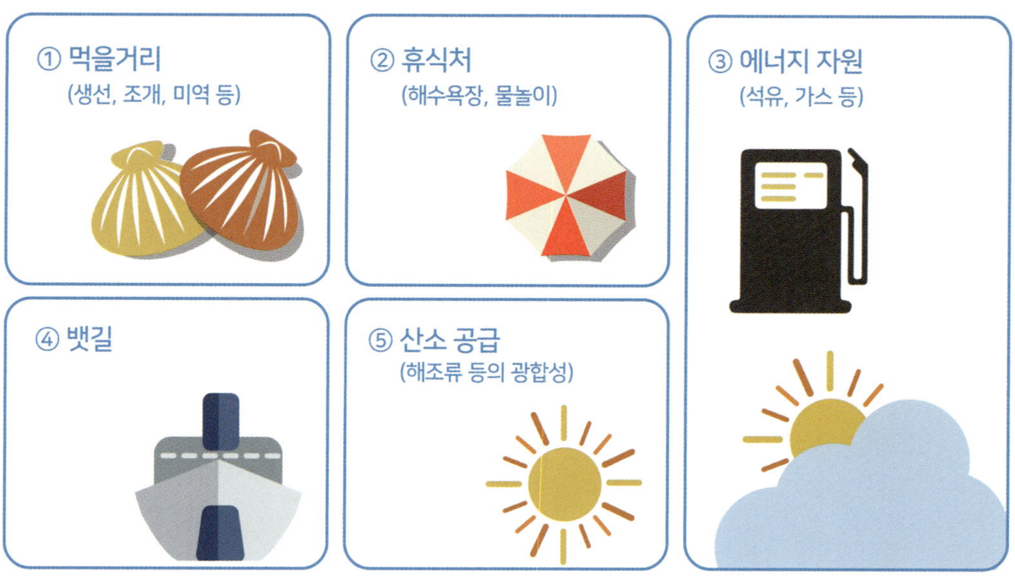

3) 해양사고

(1) 해양사고란?

해양사고는 조난사고와 같은 것으로 분류되며, 수상(해수면과 내수면)에서 선박, 항공기 및 수상 레저기구 등이나 사람의 생명·신체의 안전이 위험에 처한 상태를 말한다. 인명사고의 경우 익수·추락·고립·표류 등이 있으며, 선박사고의 경우 충돌, 화재 및 폭발, 침수·몰, 좌초, 전복 등 사고의 원인도 다양하다.

출처 : 해양경찰청

(2) 사고 현황

최근 5년 평균 해양사고는 3,123건이며, 선박사고 3,406척, 인명피해 19,801명이 발생하였고, 2016년부터 해양사고 건수(2,610건→2,907건→3,154건→3,508건) 및 사고 선박 수(2,839척→3,160척→3,434척→3,820척)는 매년 증가하였다.

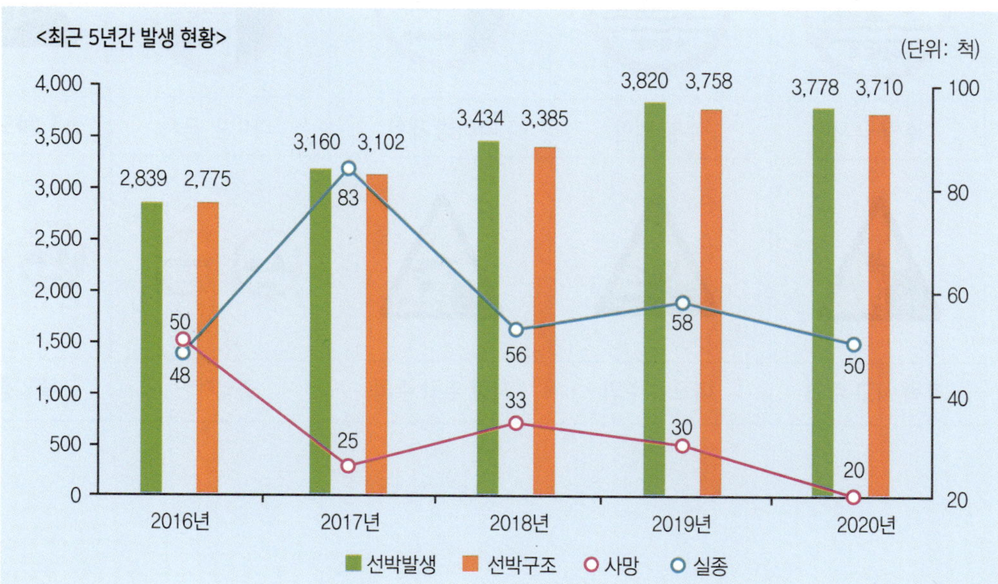

출처: 해상조난사고 통계연보(2020)

(3) 사고의 유형

해양사고는 크게 선박사고와 비선박사고로 구분되며, 유형별 선박사고의 경우 충돌, 화재, 접촉, 침수, 전복 순으로 인명피해가 발생하고 있다.

선박사고	비선박사고
충돌, 침수, 침몰, 좌초, 화재, 전복, 기관고장 등	고립자, 추락자, 표류자, 익수자, 응급환자, 연안체험안전사고 등

(4) 사고 관련 유형별 위험표지

국민의 안전을 위해 각종 위험구역 및 대피소 등에 설치되는 재난·안전표지판에 대하여 언어, 연령 관계없이 누구나 쉽게 이해할 수 있도록 표준화된 표지판을 적용하고 있다.

갯골 주의	너울성 파도 주의	익사사고 주의	수중활동 금지	유속 주의

수영 금지	수영 제한	다이빙 제한	다이빙 금지	높은 파도 주의

추락 사고 주의	미끄럼 주의	차량 추락 주의	출입제한	출입통제

2. 연안 안전

1) 연안 해역이란?

- '만조 수위선부터 지적공부에 등록된 지역 사이'(바닷가)
- '해안선으로부터 영해의 외측한계까지의 사이'(바다)
- 「연안관리법 제2조제2호의 지역(무인도서 포함)」

2) 연안 사고란?

연안 해역에서 발생하는 인명에 위해를 끼치는 사고를 말한다.

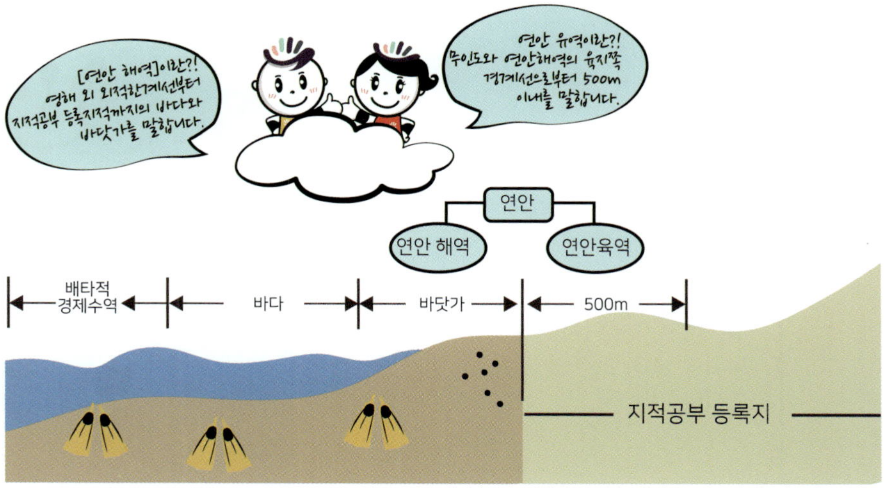

3) 사고현황

(1) 유형별 현황

(단위: 명)

유형 인명피해	계	익수자	고립자	표류자	추락자	기타
사망	145	112	4	0	27	2
실종	22	13	1	0	4	4
부상	99	23	6	4	57	9

(2) 장소별 현황

장소 인명피해	계	갯바위	갯벌	방파제	테트라포드	항포구	해안가	해수욕장	해상	기타
사망	145	8	4	12	3	30	49	11	26	2
실종	22	1	1	0	0	3	5	0	12	0
부상	99	10	1	14	28	16	18	1	4	7

출처: 해양경찰청(2020)

4) 사고 유형

연안해역에서 이루어지는 다양한 체험활동에 의해 발생하는 사고를 말하며, 각 기관, 단체의 현장체험학습 및 가족 단위 체험활동 등이 활발해지면서 연안 안전사고의 위험성은 증가하고 있다.

연안체험활동의 사고유형은 크게 수상형, 수중형, 일반형으로 구분한다.

(1) 연안체험활동 사고

① 수상형

선박, 기구 등을 이용하지 아니하고
수상에서 이루어지는 체험활동
스노클링, 수영, 물놀이 등

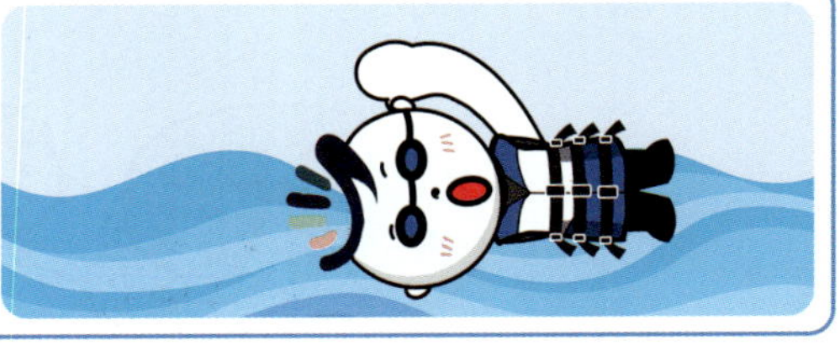

② 수중형

수중에서 이루어지는 체험활동
씨워킹, 수중 스쿠터, 스킨다이빙,
프리다이빙 등

③ 일반형

수상형, 수중형 활동 외에 연안해역에서
이루어지는 체험활동 체험활동
갯벌체험, 조개 줍기, 갯벌 극기훈련 등

(2) 기타 연안사고

① 갯바위 사고 예방 요령

1. 물 때 시간 미리 확인 들물 시간 알람 설정
2. 기상정보 수시 확인 기상 악화 시 활동 자제
3. 안내판 준수 사항 지키기 출입 금지 구역 유의
4. 상시 주변 상황 살피기
5. 위험시 대비 호루라기, 랜턴 휴대, 체온 보온용 담요 준비
6. 물에 잠긴 흔적 있는 갯바위에서 활동 금지
7. 만일의 사고에 대비 2인 이상 함께 활동
8. 주변 사람에게 행선지, 일정 미리 공지

② 갯벌 사고 예방 요령

1. 구명조끼 착용
2. 진입로에서 멀리 떨어진 곳은 출입 자제
3. 절대로 혼자서 다니지 말 것
4. 들물 시간 확인 후 알람 설정
5. 갑자기 안개가 끼면 밀물 시간 관계없이 즉시 갯벌에서 나올 것
6. 갯골을 주의하고, 넘어가지 말 것
7. 몸이 깊게 빠진 경우, 누워 나오거나 반대 방향으로 엎드려 기어나올 것
8. 맨발로 출입 금지

③ 방파제 테트라포드(TTP) 사고예방 요령

안내판 준수 사항 지키기
출입금지 구역 유의

위험구역에 비치된
각종 안내판 내용 준수

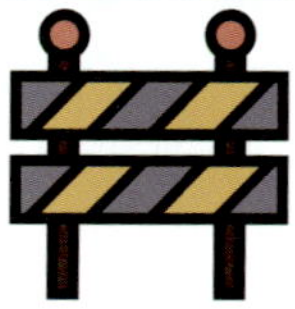

너울성 파도 등 기상 먼저 확인
수시로 주변 상황 파악

미끄러지지 않게 안전화 착용
이동시 몸을 가볍게, 짐은 작은
부피로 나눠담기

위험에 처했을 때 도움 요청을 위해
호루라기나 랜턴 등을 휴대, 체온
보온용 담요 준비

가족과 주변 사람에게
행선지 및 일정 미리 공지

④ 이안류를 에났을 때 대처 요령

Q 갑자기 해변에서 밀려나는 이유는?

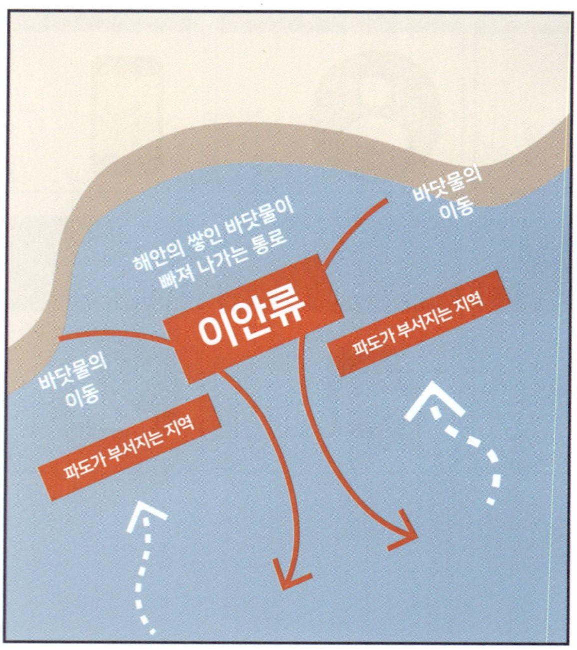

이안류?

해안으로 들어온 바닷물이 해안으로 넓게 퍼지면서 흐르지 않고 갑자기 바다쪽으로 빠르게 빠져나가는 현상

이안류를 만나면?

01 이안류의 가장자리 방향으로 헤엄치기

02 무리한 수영 대신, 구조요원의 구조 기다리기

5) 연안 활동 안전장비

(1) 개인용 안전장비

① 구명조끼란?

우리가 흔히 알고 있는 구명조끼(부력 보조복)는 제품 사용설명서에 완벽한 익사 방지의 기능은 없는 안전장비 부력 보조복이라고 표기되어 있으며 가까이에 도움을 받을 수 있는 보호시설이 있는 곳에서 사용할 것을 권장하고 있다. 또한 구명조끼는 부력성을 이용한 익사 방지뿐만 아니라 체온을 유지하기 위한 기능으로 큰 역할을 하기 때문에 해양활동에 있어 필수적인 장비이며, 개인의 안전뿐 아니라 타인의 생명을 보호하기 위해 구명조끼 착용 생활화와 올바른 착용법을 익혀두어야 한다.

물 속에서 뜰 수 있게 해준다.

차가운 바닷물 속에서
몸을 따뜻하게 해준다.

눈에 띄는 색상으로 빨리
발견할 수 있게 해준다.

② 구명조끼 관련 법령

구분	낚시어선	수상레저기구	유선 및 도선	여객선
대상	구명조끼 착용 미지시 선장 및 지시 위반 승객	수상레저활동자	선원 등 종사자의 구명조끼 등 인명구조장비 잠금 행위	선원 등 종사자 구명조끼 착용 명령 위반 승객
법령	낚시 관리 및 육성법 제29조, 제36조	수상레저 안전법 제17조	유선 및 도선 사업법 제12조, 제19조	해운법 제21조의3
벌칙	선장: 300만 원 이하 승객: 100만 원 이하 (과태료)	100만 원 이하 (과태료)	6개월 이하(징역) 500만 원 이하(벌금)	100만 원 이하 (과태료)

③ 구명조끼의 종류

순서	설명	특징
고체식 (부력제:PE)		【레저용】 고체식(부력제:PE) KC인증조건에 합격한 조끼로 다양한 수상 레저활동 시 많이 사용한다(버클형).
		【조끼형】 조끼를 입듯이 양손을 소매에 껴 입으며, 가슴끈을 조여 매고, 허리끈을 몸에 한 바퀴 돌린 후 단단히 묶는다. 반드시 목끈을 앞으로 당겨서 묶는다.
		【목걸이형】 구명조끼를 가슴 앞에서 펼친 후 목에 걸어준다. 끈을 구명조끼 앞으로 모아 고리에 끼운 후 단단히 조인다.
		【낚시용】 낚시채비를 수납할 수 있는 주머니가 많으며, 주로 지퍼 형식이다. 부력제 및 자동 팽창식 등 다양한 종류가 있다.
CO_2		【팽창식】 물에 빠졌을 경우 CO_2 카트리지가 자동으로 터져 조끼 속의 내부 튜브가 팽창하게 됨으로써 물에 뜨게 되는 팽창식 구명조끼이다. 수동 및 자동 팽창식이 있다.
공기 주입		【튜브형】 공기주입식으로 튜브 및 구명조끼 등 다양한 형태의 용도로 사용 가능하며, 주로 보호자를 동반한 유아에게 사용한다. 레저용으로 사용을 금한다.

④ 올바른 구명조끼 착용

순서	그림 설명	순서	그림 설명
㉠ 몸에 맞는 구명조끼 선택하기		㉤ 2인 1조로 가슴조임줄 당기기	
㉡ 가슴조임줄 풀기		㉥ 다리 사이로 생명줄 빼기	
㉢ 구명조끼를 몸에 걸쳐 입기		㉦ 생명줄 걸기	
㉣ 가슴에 단추나 버클 채우기		㉧ 구명조끼 착용 완료	

(2) 구조용 안전장비

물에 빠진 사람을 구조하기 위해서는 직접 물에 들어가서 구조하기보다는 인명구조용 장비 또는 주변을 살펴 긴 막대, 아이스박스, 페트병 등 물에 뜰 수 있는 물건을 건네거나 던져서 간접 구조를 해야 한다.

	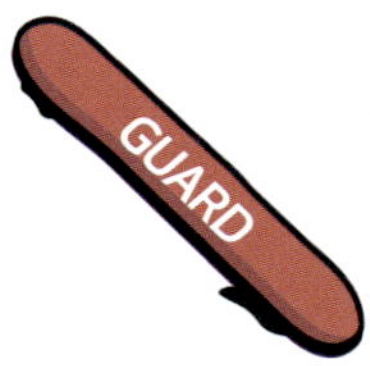	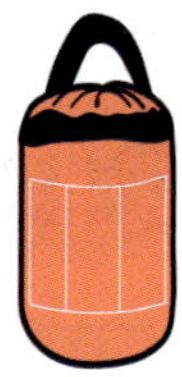	
구명부환	레스큐 튜브	드로우 백	페트병

6) 물놀이 안전수칙

생활이 프렌즈와 함께하는 안전한 물놀이 10계명		
①		· 물에 들어가기 전 반드시 준비운동을 한다. - 특히 손, 발 등에 경련이 잘 발생하므로 충분히 몸을 풀어 준다.
②		· 물에 들어갈 때는 심장에서 먼 부분부터 물을 적신 후 천천히 들어간다. - 다리, 팔, 얼굴, 가슴 순으로 천천히 적셔가며 물에 들어간다.
③		· 물놀이 중간에 충분한 휴식과 함께 체온을 유지한다. - 물놀이 도중 몸에 소름이 돋거나 싸늘함이 느껴질 때는 반드시 휴식을 취하고, 몸을 따뜻하게 보온해 준다. - 구명조끼를 착용하고 물놀이를 한다(보온 효과).

④		· 안내에 따라 지정된 곳에서만 물놀이를 한다. - 물의 깊이가 일정하지 않으므로 안내(안내표지 등)에 따라 안전한 곳에서만 물놀이를 해야 한다.
⑤		· 물에 빠진 사람을 발견하면 주위에 큰 소리로 알린다. - 발견 즉시 주변에 알리고, 반드시 119에 신고한다.
⑥		· 구조를 하기 위해 절대 직접 물에 들어가지 않는다. - 구조 경험이 없는 사람은 절대 직접 물에 들어가는 등 무모한 구조를 삼가야 한다.
⑦		· 구조 시 수영에 자신이 있더라도 주변도구를 이용한 안전구조를 우선으로 한다. - 긴 장대, 튜브, 스티로폼 등 물에 뜨는 주변 도구를 이용하여 던져 주거나 건네어 간접구조를 한다.
⑧		· 건강 상태가 좋지 않을 때, 배가 고프거나 식사 직후 특히, 음주 후에는 절대 물에 들어가지 않는다. - 껌이나 사탕 등 음식을 입 안에 넣은 채 물놀이를 하지 않는다.
⑨		· 자신의 수영 능력을 과신해 무리한 행동을 하지 않는다. - 수영 경계선까지 무리하게 수영을 하거나 다이빙을 하지 않는다.
⑩		· 장시간 계속 수영하지 않으며, 호수나 강에서는 혼자 수영하지 않는다. - 호수나 강은 물속 깊이 등 사정을 모르는 경우가 많으므로 절대 혼자 수영해서는 안 된다.

7) 물놀이 기구 탑승 시 안전 수칙

해수욕장, 호수 등 수상에서는 개인 물놀이뿐만 아니라 바나나보트, 플라잉피쉬, 땅콩보트 등 다양한 물놀이 기구를 활용한 수상 레저활동이 있다. 이러한 수상활동을 안전하게 즐기기 위해서 반드시 안전 수칙을 지켜야 한다.

· 물놀이 기구 탑승 전
- 근육경직 등에 의한 안전사고를 예방하기 위해 팔, 다리, 어깨 등 간단한 스트레칭을 한다.

· 물놀이 기구 탑승 전
- 구명조끼의 안전줄을 몸에 맞게 조여주고, 안전모가 벗겨지지 않도록 올바르게 착용한다.
- 부력이 약한 개인구명조끼는 사용하지 않는다.
- 기구를 탑승하는 곳에서는 항상 구명조끼를 착용하고, 다른 사람을 물에 빠트리는 장난은 하지 않는다.

· 물놀이 기구 탑승 전
- 안경, 귀걸이 등 부상을 유발하거나 분실의 우려가 있는 액세서리는 착용하지 않는다.

· 물놀이 기구 탑승 전·후
- 술을 마신 뒤 물놀이 기구 탑승 및 물놀이를 절대 하지 않는다.

· 물놀이 기구 탑승 중
- 물놀이 기구가 전복될 경우 손목골절 등 부상을 예방하기 위해 즉시 손잡이를 놓아야 한다.
- 물에 빠졌을 경우 발버둥치지 않으며, 양팔을 벌리고, 하늘을 보며 누운 자세로 구조를 기다린다.

3. 선박 안전

1) 선박사고란?

수상(해수면과 내수면)에서 선박 등의 침수, 침몰, 좌초, 전복, 충돌, 화재, 기관고장 또는 추락 등의 사고로 인하여 사람의 생명, 신체 또는 선박 등의 안전이 위험에 처한 상태를 말한다.

2) 선박사고

(1) 사고현황

선종별 선박사고의 경우 어선, 레저선박, 낚시어선 순으로 증가하고 있으며, 이러한 사고선박의 원인은 정비불량, 운항부주의, 관리소홀 등이며, 대부분 운항자의 주의태만과 선박에 대한 안전조치 등의 미흡으로 인해 발생하고 있다.

〈최근 5년 간 선종별 사고발생 현황〉

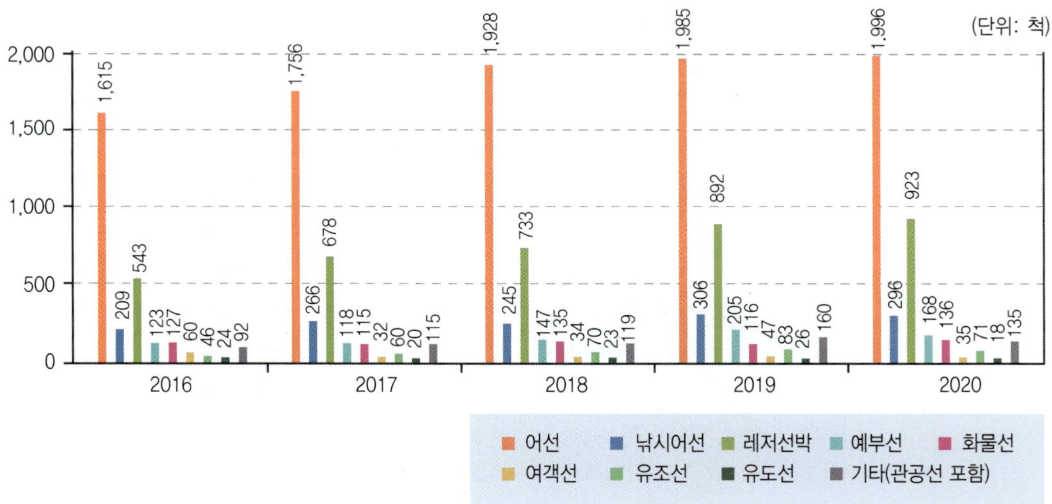

출처 : 해상조난사고 통계연보(2020)

구분	2016	2017	2018	2019	2020
해상사고 건수	2,610	2,907	3,154	3,508	3,435
선박(척)	2,839	3,160	3,434	3,820	3,778
인원(명)	20,145	17,336	19,596	20,422	21,507

출처 : 해상조난사고 통계연보(2020)

(2) 사고의 유형

대부분 인재로 인한 운항 과실과 취급 불량 및 결함 등에 의한 원인으로 분류할 수 있으며, 발생 원인에 따라 사고 유형도 다양하다.

충 돌		· 항해 중이거나 정박 중임에도 불문하고 다른 선박과 부딪히거나 맞붙어 닿은 것
화재 / 폭발		· 선박에 화재 또는 폭발로 재산·인명피해가 발생하는 것 - 고립되어 있는 해상의 선박화재는 육상의 주택화재와 달리 항해 중이라면 운항을 정지하여 화재를 진압하여야 한다.
침수 / 침몰		· 침수: 선체가 파손되거나 악천후 항해 등으로 다량의 해수가 선박내에 침투되는 상태 - 대표적으로 충돌, 좌초, 선체 균열 등이 있다. · 침몰: 침수의 결과로 선박이 가라 앉는 것
좌 초		· 선박의 선저가 해저 항해 장애물인 암초, 암석, 뻘, 모래 등에 얹히는 상태 - 좌초: 선체가 암초 또는 암석 등에 얹혀 선체 손상을 초래하여 선체 파공으로 침수, 스크루 및 조타장치 등을 손상시킨다. - 승양: 뻘이나 모래 등에 선체가 얹혀 엔진 냉각기계 통에 모래, 뻘 등이 흡입되어 손상된다.
전 복		· 해상에서 기상악화, 과적, 충돌 및 기타 원인에 의하여 균형된 부력을 상실한 경우 - 선박이 뒤집힌 것을 의미한다.

(3) 사고 발생 시 행동요령

① 긴급 상황 발생 시

㉠ 긴급 상황임을 먼저 인지하고, 주변에 큰 소리로 알리거나 신속히 119에 신고한다.

㉡ 안전한 탈출을 위해 당황하지 않고 안내방송이나 승무원의 안내에 따라 침착한 대응이 필요하다.

㉢ 퇴선의 판단 및 결정은 해당 선박의 선장 또는 필요시 승무원이 할 수 있다.

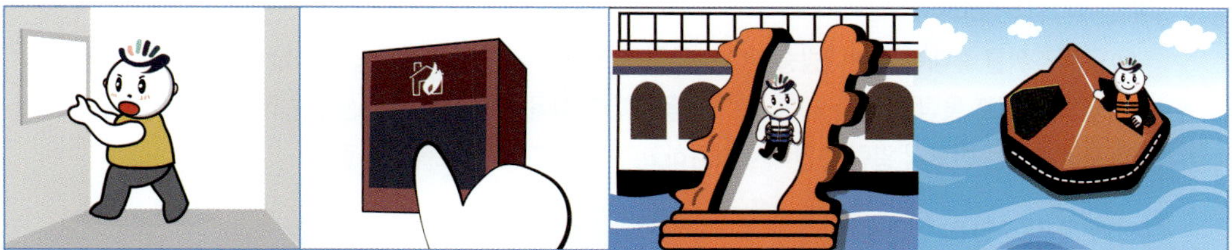

사전에 파악하기	주변에 알리기	신속히 대피하기	안전하게 탈출하기

② 여객선 탑승 시

㉠ 탑승 후 지정된 객실에 앉아 승무원의 안내방송을 잘 듣고, 안전교육 영상을 시청한다.

㉡ 안내방송에 따라 구명조끼 위치, 자신의 현재 위치, 탈출경로와 비상벨 위치 등을 미리 확인한다.

㉢ 선내에 비치된 비상시 여객행동요령 등을 미리 숙지한다.

㉣ 잘못된 작동 방지를 위해 구비된 구명장비의 불필요한 조작은 금한다.

<화재선박>

㉠ 먼저 "불이야"라고 크게 외치며, 비상벨을 눌러 주변에 화재 사실을 알린다.

㉡ 가능하다면 주위의 소화기를 사용법에 따라 초동조치를 한다(소화기 사용법 참조).

㉢ 진화 불가능 시 화재구역 문을 닫고, 구명조끼를 가지고, 미리 파악한 탈출로를 이용하여 빠르게 비상대피 집결장소로 이동한다(엘리베이터 이용 금지).

㉣ 비상대피 집결장소(열린 공간)에 집결 후 구명조끼를 착용하고, 구조를 기다린다.

<침수선박>

㉠ 얇은 옷을 겹쳐 입은 후 구명조끼를 챙긴다.

㉡ 신속하게 비상탈출로를 이용해 비상대피집결장소(열린 공간)로 이동한다.

㉢ 비상대피 집결장소(열린 공간)에 도착 후 구명조끼를 착용하고, 구조를 기다린다.

※ 선박의 실내에서는 구명조끼를 착용하지 않는다.

③ 사고 선박 탈출 시 퇴선 방법

퇴선이란 수상에서 발생한 사고 선박 등에서 안전하게 벗어나는 것을 말한다. 사고 선박에서 전복, 침몰, 화재, 폭발 등 2차 사고 위험으로부터 벗어나기 위해 퇴선을 결정할 수 있으며, 그 밖의 상황이라면 무작정 퇴선하기보다는 119에 신고 후 상황을 살피며, 구조를 기다린다. 퇴선 시 단계별 행동요령은 퇴선준비, 비상대피 집결장소 이동, 구명뗏목 작동 및 탑승 단계로 구분할 수 있다.

<퇴선 준비단계>

㉠ 출항 전 안내방송 청취 및 비상탈출구 등을 확인한다.

- 선박(여객선 등)탑승 시 안내방송 청취 및 비상탈출구, 비상탈출용 장비의 위치 등 미리 파악해 둔다.

㉡ 선박 사고의 가능성을 인식하고 탈출 시 비상대피 집결장소까지의 이동경로, 구명조끼 및 구명뗏목의 위치 등을 고려하여 실제 퇴선 시나리오를 상상한다.

<비상 대피집결장소 이동 단계>

㉠ 구명조끼를 휴대하고 안내방송이나 승무원의 안내에 따라 비상대피 집결장소(열린 공간)로 이동한다.

※ 퇴선 신호 울림은 “- - - - - - - —” (단음 7회 후 장음 1회)와 함께 퇴선 방송이 나온다.

㉡ 구명조끼는 반드시 열린 공간에서 착용하고, 119 신고 후 구조를 기다린다.

<구명뗏목 작동 및 탑승 단계>

㉠ 퇴선 신호가 울리거나 퇴선이 결정되면 비상대피 집결장소에 모인 후 비상탈출용 장비(슬라이드, 강하식 탑승장치 및 탑승 사다리)를 이용하여 구명뗏목으로 퇴선한다.

㉡ 슬라이드 또는 구명뗏목을 이용할 수 없을 때는 신발을 벗고 다리를 모은 후 한 손으로 입과 코를 막고 선박에서 최대한 멀리 뛰어 내린다.

㉢ 해상 표류 시 그룹으로 모여 체온을 유지시키는 방법이 효과적이며, 높은 파도나 공포감으로 인해 위험상황이 발생할 수 있으니 안정을 취한 상태에서 함께 의지하는 것이 중요하다.

탈출용 슬라이드

강하식 탑승장치

수면 낙하 자세

그룹별 해상 표류
(생존수영)

3) 사고 시 구조용 장비

(1) 구명뗏목(Life Raft)이란?

선박사고 등 긴급 상황발생 시 승객을 대피시키기 위해 부풀리는 고무보트를 말한다.

합성고무의 재질의 원형 또는 타원형으로 제작되며, 선박이 침몰할 경우 일정 수심에 잠기면 자동 팽창되거나 필요시 사전에 수동으로 팽창시킬 수도 있다.

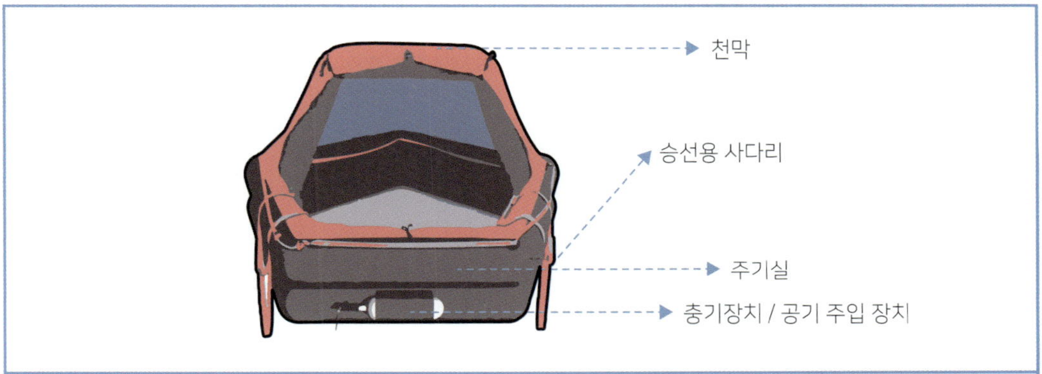

구명뗏목의 구조

(2) 구명뗏목의 필요성

구명뗏목은 구명정을 대신하여 사용하는 것으로 구명벌이라고도 한다. 화재 및 폭발, 침수 또는 침몰 등 선박에서 긴급 상황 발생으로 비상탈출 시 비상대피 집결장소에 모인 후 퇴선 전 구명뗏목을 수동 또는 자동 팽창시켜 구조를 기다린다. 따라서 선박 탑승 시 비상상황에 대비하여 미리 구명뗏목의 위치를 파악하고, 사전에 작동 방법에 대해 익혀두어야 한다.

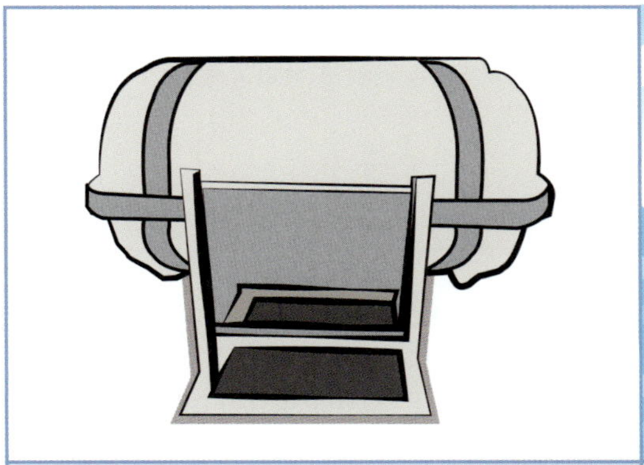

구명뗏목이 설치된 모습

구명뗏목이 펼쳐진 모습

(3) 구명뗏목 사용법

	① 안전줄 확인 후 T자 레버를 잡고 안전핀을 제거한다.
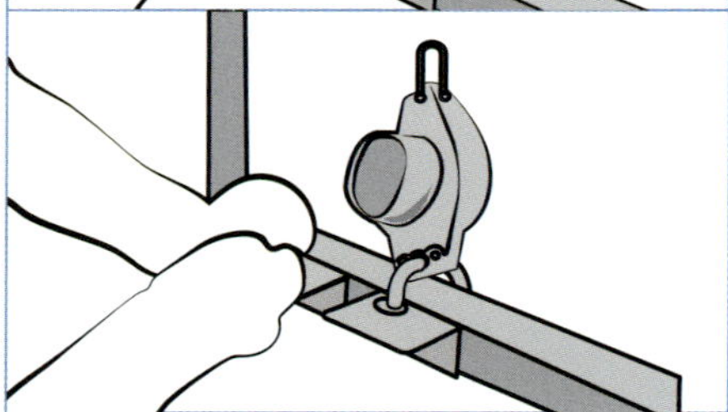	② T자 레버를 힘껏 잡아 당긴다.
	③ 구명뗏목을 선박 아래로 투하시킨다. ④ 구명뗏목에 연결줄을 확인하고, 똑바로 팽창되는지 확인한다. - 만약에 구명뗏목이 뒤집혔다면 입수 후 무게중심을 이용하여 똑바로 뒤집어야 한다.
	⑤ 자동 수압이탈장치 - 급박한 상황 시 수동으로 구명뗏목을 투하하지 못했을 때는 수압이탈장치에 의해 수심 2~4m 깊이에서 선체와 분리되어 자동으로 구명뗏목이 펼쳐진다.
	⑥ 슬라이드를 타고, 주위의 구명뗏목에 차례로 탑승한다.
	⑦ 구명뗏목에 탑승 후 연결줄을 자르고, 선박과 최대한 멀어진다. - 구명뗏목 내에는 생존에 필요한 여러 가지 생존물품들이 비치되어 있다. 예) 물, 식량, 신호탄, 낚시도구 등

<이탈 장치에 의한 자동 팽창 절차>
- 선박이 침몰하여 이탈 장치에 수압이 0.25~0.35kg/㎠ 작용하면(수심 4m 이하) 이탈기가 작동하여 고정된 구명뗏목의 와이어(Lashing wire)가 제거된다.
- 장비는 부양성이 있어 선박이 침몰할 경우 연결줄(페인터)이 당겨져 빠져나온다.
- 연결줄이 다 빠져나오면 가스 작동줄이 CO_2용기를 작동시켜 구명뗏목을 팽창시킨다.
- 팽창된 구명뗏목의 부력에 의해 위크링크(Week link)가 일정한 힘에 의해 절단되면서 본선에 연결되어 있는 연결줄은 구명뗏목과 분리된다.

(4) 구명뗏목 내 의장품

의장품은 구명부륜, 나이프, 물푸개, 스폰지, 씨-앵카, 부력성 노, 수리 용구, 구난식량, 계량컵, 응급의료구, 배멀미 방지약, 배멀미용 주머니, 보온구, 깡통 따개, 안전 가위, 호각 또는 이와 동등한 음향신호, 낚시도구, 행동 지침서, 생존 지침서, 구명신호 설명표, 로켓 낙하산 신호, 신호 홍염, 발연부신호, 수밀전기등, 일광신호용 거울, 레이다 반사기, 충기펌프 또는 풀무 등 생존과 관련된 필수물품들이 비치되어 있다.

	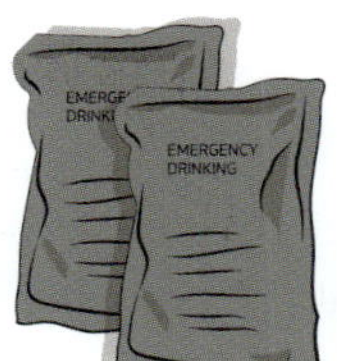		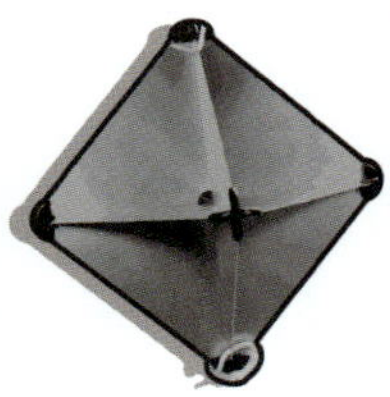	
생존 지침서	구난식수	구난식량	레이다 반사기	로켓 낙하산 신호

4) 선박안전 표지물

여객선, 유·도선 등 선박 내 다양한 선박안전 표지물이 부착되어 있으며, 표지물에 따른 안내를 사전에 알아보고 익혀두어 긴급 상황 시 대비할 수 있어야 한다.

구명조끼	비상대피 집결장소	탑승용 사다리	낙하산 부신호	구명뗏목	구명정

4. 생존 수영

1) 생존 수영이란?

물에 빠졌을 때 구조되기 전까지 스스로 물 위에 떠 있는 수단이며, 물에서 예기치 않은 위급상황 발생 시 최소한의 에너지 소비를 이용하여 스스로 생존하는 자기구조(Self Rescue) 방법을 말한다.

누워뜨기(잎새뜨기)

새우등 뜨기

2) 생존 수영의 필요성

생존 수영은 요구조자가 구조를 기다리기 위해 스스로 골든타임(Golden Time)을 확보하는데 가장 큰 목적이 있으며, 예기치 못한 익수 상황에서 자기구조 기술을 사전에 체계적으로 습득하여 자기보호 능력을 갖출 필요가 있다.

3) 생존 수영 실기 5단계

단계	그림	내용
1단계		① 다양한 놀이활동으로 물에서 놀아보기 · 안전수칙 전달 및 준비운동을 한다. · 다양한 놀이를 통해 자연스럽게 물과 친해지기 위한 노력을 한다. 예) 수중 걷기, 수중 가위바위보 게임, 수중 물건 줍기 등 · 입수하기(사다리 및 풀 사이드에서의 입수) · 물 속에서 호흡하기(음파호흡)
2단계	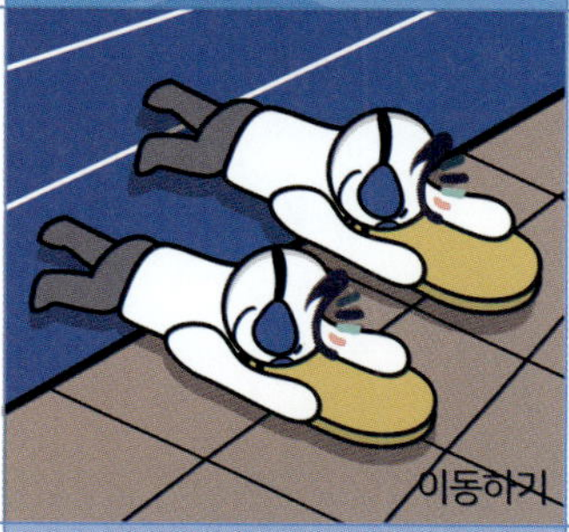	② 위험한 곳에서 안전한 곳으로 이동하기 · 운동에너지에서 위치에너지로 바꾸기 - 보빙 동작(2m 수심 이내)을 이용하여 이동하기 - 팔 젓기, 발차기, 수면날기(glide), 스컬링 등을 통해서 물에서 이동하기를 배운다. · 보빙 동작 : 수영장이나 얕은 물 바닥을 치고 수면으로 떠오르는 반복동작
3단계		③ 골든타임(Golden Time) 늘리기 · 풀 사이드에 누워서 뜨기 · 구명조끼 입고 누워서 뜨기 / 떠서 이동하기 · 부유물 잡고 누워서 뜨기 / 떠서 이동하기 예) 킥 판, 봉지 과자 등 · 2인 1조 맨몸으로 누워서 뜨기 · 혼자 맨몸으로 누워서 뜨기 / 떠서 이동하기
4단계		④ 해상에서의 긴급 탈출하기 · 급박한 상황에서 배가 기울어져 구명뗏목 또는 슬라이드를 이용하지 못할 경우 - 구명조끼를 입고 낙하 아래 지점에 장애물이 있는지 확인한다. - 한쪽 팔은 구명조끼의 어깨 부분을 잡고 다른 한손은 입과 코를 막는다. - 두 다리를 붙이거나 꼰 후 시선은 전방 15°를 유지한 채 수직으로 낙하한다.
5단계		⑤ (간접)구조하기 ※ 절대로 물 속에 들어가서 직접 구조해서는 안 된다. · 뻗어돕기 - 구조자의 팔, 다리를 뻗어서 구조하기 · 던져주기 - 링 부이 등 부유물을 던져준다. 예) 페트병, 슬리퍼, 아이스박스 등 · 인간사슬 - 많은 사람들이 있거나, 물 깊이가 가슴을 넘지 않으면 서로의 손목의 위를 맞잡아 인간사슬을 만든다(급류이거나 물 깊이가 가슴 이상일 때는 금한다).

4) 해수온도에 따른 익수자 생존시간

수온	5℃	10℃	15℃	20~30℃
50% 생존시간	약 1시간	약 2시간	약 2시간	24시간 이상
추천 수색기간	6시간	12시간	18시간	-

※ 보온복 등 체온 보호를 위해 특수한 보호복을 착용하지 않았을 경우

출처:국제항공 및 해상수색구조 매뉴얼

5. 해양 안전정보 서비스 앱(APP)

1) 해상 안전을 책임지는 '해로드(海Road)'

해로드 앱은 항법장치를 갖추기 못한 소형선박이나 해양레저활동 이용자를 위해 국민 누구나 무료로 사용할 수 있는 스마트 폰 기반의 앱이며, 접속 시 그날 발표한 기상속보/특보, 해상 교통문자를 실시간 전송·공유하고 있다. 특히 구조가 필요한 긴급한 상황에서 구조요청 버튼을 눌러 바다에서의 내 위치를 추적할 수 있게 도와준다. 이외에도 내 주소록에 있는 번호로 내 위치를 전송할 수도 있고, 관심지점을 저장, 관제센터 전화연결, 거리 측정 등 다양한 기능으로 큰 도움을 받을 수 있다

	 거리측정	
안드로이드의 경우 구글Play 스토어에서, 아이폰의 경우는 APP스토어를 통해 '해로드' 앱을 다운로드한다.	바다의 내비게이션(전자해도) ※ 항해용으로 사용금지	바다에서 위급상황 시 긴급 구조요청 가능하다(해양/내륙).

출처: 국립해양측위정보원

2) 공간정보 기반의 해양안전지도 '안전해(海)'

안전해(海) 앱은 각종 해양활동 시 위험에 능동적으로 대처할 수 있도록 안전정보를 통합하여 지도 위에 표현한 서비스이다. 국립해양조사원은 2015년부터 해수욕장과 갯벌체험장 주변의 위험구역 접근 시 위험요소를 미리 알려주어 대응할 수 있도록 이용자 위치기반의 실시간 위험알림 서비스 및 안전한 해양레저 현장활동 도우미 역할에 초점을 맞춘 안전정보 서비스를 제공하고 있다.

안드로이드의 경우 구글Play 스토어에서, 아이폰의 경우는 APP스토어를 통해 '안전디딤돌' 앱을 다운로드 한다.	다양한 해양안전, 위험, 편의 시설물 정보와 분석정보(유동인구, 선박사고, AIS밀도 등)를 지도 위에서 직접 확인할 수 있는 안전지도 서비스이다.	바다에서 위급상황 시 긴급구조 요청이 가능하다(해양경찰청/소방청).

출처: 국립해양조사원

3) 재난안전정보 포털 앱 '안전디딤돌'

'안전디딤돌'은 정부 대표 재난안전 포털앱으로 재난 발생 시 또는 일상생활에서 필요한 다양한 재난안전 정보를 제공하고 있다. 긴급재난문자, 재난 뉴스 및 재난신고, 민방위 대피소, 병의원 등 시설물 위치, 유형별 콘텐츠 등 다양한 정보를 하나의 '앱'으로 서비스한다. 특히, 지진 등 재난유형별 국민행동요령은 통신이 두절되어도 언제 어디서나 이용할 수 있다.

	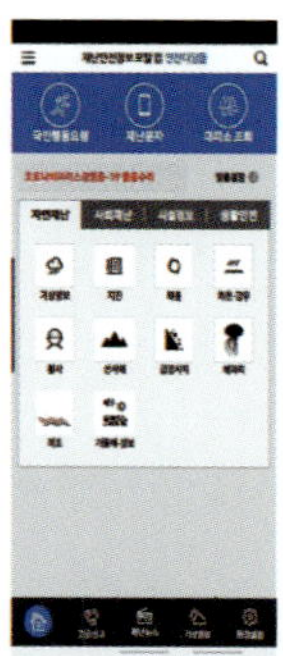	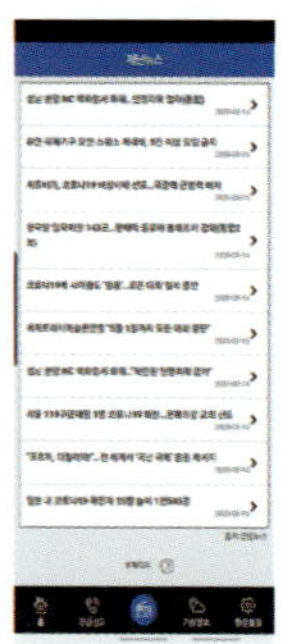
안드로이드의 경우 구글Play 스토어에서 아이폰의 경우는 APP스토어를 통해 '안전디딤돌' 앱을 다운로드한다.	일상에서 필요한 다양한 재난 안전 정보를 제공하고 있으며, 최근에는 감염증에 관한 여러 정보 서비스를 추가 제공하고 있다.	실시간 재난 뉴스 및 문자를 제공한다.

출처: 행정안전부

Chapter

05

보건 안전

1. 식품 안전
2. 중독 안전
3. 감염 안전
4. 자살 예방

1. 식품 안전

1) 식중독

(1) 식중독이란?

식품의 섭취에 연관된 인체에 유해한 미생물 또는 미생물이 만들어내는 독소에 의해 발생한 것이 의심되는 모든 감염성 또는 독소형 질환을 의미한다.

(2) 분류

포도상구균 식중독	넓은 범위의 온도에서 증식이 가능하기 때문에 조리한 음식물을 실온에 보관하는 경우 발생하기 쉽고, 소풍이나 야유회 혹은 잔칫집에서 음식물을 섭취한 후 흔히 발생한다.
살모넬라 식중독	대부분 동물에서 감염되며, 주로 닭과 같은 가금류가 가장 흔한 감염 원인이다.
비브리오균 식중독	장염 비브리오균은 바닷물과 갯벌에 분포하고 생선회, 초밥, 조개, 오징어 등을 날로 먹거나 제대로 익혀 먹지 않았을 때 발생한다.
대장균성 식중독	여행자에게 자주 일어나는 설사의 원인균으로 설사, 장염을 일으킨다. 햄, 치즈, 소시지, 샐러드, 도시락, 두부, 물 등 여러 종류의 식품들이 원인이 될 수가 있고, 덜 익힌 육류, 오염된 우유 등에 의해서도 발생한다.
클로스트리디움 식중독	클로스트리디움균은 보툴리눔 식중독과 웰치균 식중독으로 구분한다. 보툴리눔 식중독은 보관 상태가 나쁜 통조림이나 소시지를 먹은 후에 발생하고 신경독소에 의해 마비 증상을 일으킨다. 웰치균은 소고기와 닭고기가 가장 흔한 감염원이다.
노로 바이러스 식중독	주로 겨울철에 급성 위장관염을 일으키고 선진국에서 가장 흔한 겨울철 식중독의 원인균이다. 환자의 분변에 포함된 노로 바이러스에 의해 오염된 식품과 물을 가열하지 않고 섭취할 경우 감염이 된다.

(3) 증상

소화기 증상			전신 증상		
독소가 소화관 상부에 있는 경우에 구토, 하부에 있는 경우 설사			전신에 열 발생, 일부 독소는 신경 마비, 근육 경련, 의식장애 등의 증상		

복통	설사	구토	두통	고열	어지럼증

(4) 응급처치

① 음식 대신 수분을 충분히 섭취한다.

② 끓인 물 1L에 설탕4, 소금1 숟가락을 타서 마신다.

③ 이온음료도 효과적이다.

④ 지사제나 항구토제를 함부로 사용하지 않는다.

⑤ 설사가 줄어들면 미음이나 쌀 죽을 섭취한다.

⑥ 혈변, 심한 탈수, 고열, 심한 설사 시에는 병원을 방문한다.

(5) 예방수칙

① 예방 3대 요령

② 여름철 예방 수칙

여름에는 기온 상승으로 인해 식중독 발생이 급증할 수 있어 가정이나 집단급식소 등에서 음식물을 취급, 조리 시 각별히 주의해야 한다.

- 모든 음식물은 익혀서 먹고 물은 반드시 끓여 먹는다.
- 조리한 식품을 실온에 두지 않는다.
- 한번 조리된 식품은 철저하게 재가열한 후 먹는다.
- 날음식과 조리된 식품은 각각 다른 봉지에 싼 후 용기에 넣어 서로 섞이지 않도록 한다.
- 육류와 어패류를 취급한 칼, 도마는 교차 오염이 발생하지 않도록 구분하여 사용한다.
- 음식을 조리하기 전, 식사 전, 화장실을 다녀온 후, 외출 후에는 반드시 손을 씻는다.
- 부엌 내 모든 곳을 청결히 유지하고 조리대, 도마, 칼, 행주의 청결에 특히 주의한다.
- 상가, 예식장, 수학여행 등 집단 급식에는 날음식 접대를 피한다.
- 손에 상처가 났을 때는 육류, 어패류를 만지지 않는다.
- 생선을 손질할 때는 아가미, 내장 등을 제거한 후 흐르는 수돗물에 깨끗이 씻어 끓여 먹고 칼, 도마를 철저하게 소독한다.

③ 겨울철 예방 수칙

겨울철에는 노로 바이러스라는 균에 의한 식중독이 주로 발생한다. 기온이 낮아지면서 개인의 위생 관리가 소홀해지고, 실내에서 주로 활동하게 되어 노로 바이러스에 감염된 사람의 구토물이나 분변에 의해 이차 감염의 발생 위험이 증가한다.

- 식품 조리종사자는 손 씻기 등 개인위생 관리를 철저히 한다.
- 음식물은 반드시 충분히 익혀서 먹는다.
- 노로 바이러스에 오염된 이불이나 의류는 비누와 뜨거운 물로 세탁한다.
- 노로 바이러스에 감염된 음식물 취급자는 완치 후 3일 정도는 조리 업무에 종사하지 않는다.
- 식중독 환자의 구토물을 처리할 때에는 반드시 일회용 장갑을 착용하고, 오물은 비닐 봉투에 넣어 봉하여 처리한다.
- 구토물로 오염된 표면은 염소계 소독제(락스)로 신속하게 소독하여 노로 바이러스 감염 확산을 방지한다.

2) 유해식품안전

(1) 유해식품·물질이란?

인체에 해로운 물질을 함유하고 있는 식품으로, 대표적인 종류로는 유해 금속(중금속)과 식품첨가물을 넣은 식품이 있다.

(2) 위험성

식품 및 첨가물의 가장 흔한 유해 작용은 알레르기 반응이다. 특이체질의 경우 면역체계를 통하지 않고 과민반응이나 특이반응을 유발하며, 신경계 증상에서 암까지 다양한 질환을 유발한다.

알레르기	식품첨가물 중 소르빈산, 이산화항, 식용색 계란황색4호 등 일부는 알레르기를 유발할 수 있다. 가공식품의 구성성분에 대한 정보가 불확실한 경우, GMO 재료를 사용한 식품의 경우에도 문제가 될 수 있다.
암	암의 70~90%는 환경, 음식 및 생활습관과 관련이 있으며, 특히 식이는 암의 원인 1/3을 차지한다. 방사선, 염분, 식품첨가물 및 음식물 오염에 의한 원인이 있다.
신경계 독성	햄이나 소시지에 들어 있는 질산염(Nitrates)이 편두통의 소인이 있는 환자에게서 두통을 유발하는 핫도그 두통(Hot dog headache)이 일어나게 할 수 있다. 단맛을 내기 위해 가미하는 아스파탐(Aspartame) 역시 종종 편두통을 유발한다. 식품 속 잔류 중금속 중 납과 첨가물인 타르색소는 어린아이들에서 학습장애, 과잉 행동장애를 유발할 수 있다.
심혈관 질환	식물성 기름이 수소화 공정을 거치면서 생겨난 트랜스지방의 심혈관 질환 발생 위험률은 포화지방보다 더 크다. 식품 속의 잔류 중금속은 심혈관 질환의 위험성을 높이는 것으로 보고되고 있다.

(3) 대처요령

① 소고기, 돼지고기 등 육류 조리 시 유해 물질 저감 방법

· 굽는 것보다 삶는 것이 유해 물질(벤조피렌이나 폴리염화비페닐)을 줄이는데 좋다.
· 육류를 굽는 방법을 이용할 경우 고기가 불에 직접 닿을 수 있는 석쇠보다 불판을 사용하며 불판을 자주 교환하고, 구이 과정 중 탄 부위는 제거하여 섭취하는 것이 벤조피렌에 대한 노출을 줄일 수 있다.
· 육류를 볶는 과정 중에 후추를 넣게 되면 아크릴아마이드 함량이 증가하므로, 후추는 조리가 완료된 후 넣는 것이 바람직하다.

② 곡류 등의 곰팡이독소 줄이는 방법

· 대량으로 구입하지 않으며, 알갱이에 상처, 변색이 있거나 곰팡이로 의심되는 흰색 반점, 이물질이 보이면 구매하지 않는다.
· 습도 60% 이하, 온도 10~15℃ 이하에서 보관하며, 개봉한 제품은 1회 섭취량만 덜고 공기에 접촉되지 않게 밀봉한다.
· 곰팡이 핀 식품을 세척하거나 가열하여 제거하더라도 아플라톡신과 같은 곰팡이독소는 잔류하므로 곰팡이 핀 식품은 절대 먹지 않는다.
· 아플라톡신은 고온 다습한 장마철에도 잘 자라므로 밥을 지을 때 쌀 씻은 물이 파랗거나 검으면 곰팡이에 오염됐을 가능성이 있기 때문에 밥을 지어 먹으면 안 된다.

(4) 예방법

감자싹, 녹색 감자	솔라닌이라는 유해 물질을 가지고 있다. 감자는 항상 그늘진 곳에 보관하고 싹 난 부분을 완벽히 제거한 뒤 물에 담가 두었다가 물을 넣어 가열 조리하면 독성 제거가 가능하다.
땅콩, 견과류	습한 환경에서 보관될 때 아플라톡신이 잘 생기므로, 수확 직후 바로 건조해 습도가 낮은 환경에 보관한다.
강낭콩	렉틴, 피토헤마글루티닌 성분을 가지고 있지만 5시간 이상 물에 불린 뒤, 끓는 물에 30분 이상 완벽히 익혀 먹으면 독성 제거가 가능하다.
고사리	프타킬로사이드 성분을 가지고 있지만 물에 여러 번 씻는 과정, 물에 불리는 과정, 삶는 조리과정을 통해 독성 다량 제거가 가능하다. 파, 마늘과 함께 섭취하면 비타민B 결핍 예방이 가능하다.
프탈레이트	프탈레이트의 노출을 줄이려면, 폴리염화비닐(PVC)재질의 플라스틱 제품 사용 줄이기, 방향제 사용 줄이기, 환기 자주하여 공기오염 예방하기, 아이들이 장난감을 입으로 물거나 빨지 않도록 한다.
시안화합물	시안화합물 섭취를 피하려면 은행과 죽순은 반드시 익혀 먹고, 살구, 복숭아, 사과 등의 씨앗은 식품으로 섭취하지 않으며, 완전히 익지 않은 매실은 날 것으로 섭취하지 말고, 술을 담그거나 설탕에 절여서 먹는다.
곰팡이독소	곰팡이독소 노출을 줄이려면 꼼꼼하게 살펴보고 구입하고, 대량으로 구입하지 않는다. 곡류 등의 알갱이가 벌레에 의해 손상되면 내부의 수분 불균형으로 인해 곰팡이가 생기기 쉽고, 흰색이나 곰팡이로 의심되는 반점, 이물이 있는 것은 구입하지 않는다.
중금속 6종	중금속 6종(납, 카드뮴, 비소, 수은, 메틸수은, 주석)의 노출을 줄이려면 해조류는 물에 5분간 삶아서 사용한다. 티백차는 2~3분간 우려내고 건져내는 것이 좋다. 국수나 당면은 물을 충분히 넣어 삶고, 남은 면수는 조리에 재사용하지 않는 것이 좋다. 중금속 농도가 높은 생선 내장은 가급적 섭취하지 않는 것이 좋다.

2. 중독 안전

1) 약물(의약품)

(1) 약물이란?

① 약사법: 약의 범위를 의약품에 국한하면, 한국 약사법에서 의약품은 사람 또는 동물의 질병의 진단·치료·경감·처치·예방의 목적으로 사용되는 것을 의미한다.

② WHO(국제보건기구): 의약품을 "사용자의 이익을 위해서 생리적 시스템 또는 질병상태를 변화시키거나 검토하기 위해서 사용되는 모든 물질"이라고 정의하고 있다.

(2) 종류

① 일반적 분류

전문의약품(처방약)	일반의약품(비처방약)
의사가 처방하고 약사가 조제하는 약	의사처방 없이 약사가 판매할 수 있는 약
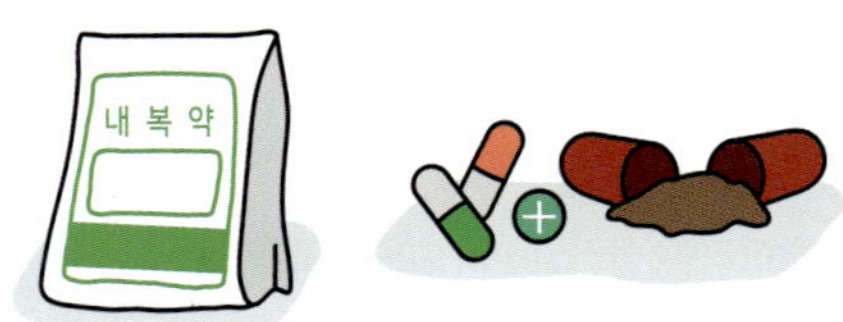 항암제, 혈압강하제, 우울증치료제, 항생제 등	 진통제, 위장약, 감기약, 피로회복제, 피부연고제 등

② 성분에 따른 분류(항정신성의약품)

진정제	흥분제	환각제
중추신경이 비정상적으로 흥분한 상태를 진정시키는 데 쓰이는 의약품으로 불면·불안·고민·동통·경련 등에 쓰인다.	중추신경계 특히 뇌의 기능을 항진시키는 의약품이다. 혈압을 높이고, 호흡을 왕성하게 하며, 지각을 예민하게 하는 작용을 한다.	환각작용을 유발시키거나 발동시키는 물질이다.
알코올, 페나돌	카페인, 니코틴	대마초

(3) 기능

약물은 인체 내로 들어가 축적되거나 일정기간 후에 배출되며 사람이나 일반 식품이 할 수 없는 다음과 같은 기능을 수행한다.

기능	종류
부족한 요소의 보충	비타민류, 금속염류, 호르몬 등
질병 및 감염의 방지	백신, 항혈청제 등
감염의 치료	항생물질을 함유하는 화학요법제제 등
기능의 과대, 과소, 부전의 교정	강심제, 호르몬제, 혈압조절제 등
독소의 희석 및 제거	모르핀, 항히스타민제, 스테로이드제 등 해독제
진단 보조제	방사선 조영제, 위장관 조영제 등
삶의 질 개선	항우울제, 성기능 개선제, 비만치료, 발모제 등

(4) 작용

① 작용경로

경로	작용
입	먹는 약은 음식물과 같은 경로를 통해서 흡수된다.
간	간에서 일종의 검문과 통관수속을 받아 독성이 적당히 조절된 다음에 온몸으로 퍼진다.
혈관	동맥을 타고 온몸을 돌다 필요한 곳에서 효과를 나타낸다.
신장	맡은 바 임무를 수행한 약은 체내에서 여러 가지 변화(대사과정)를 거치고 무효화되어 소변으로 배설된다.

② 부작용(약물유해반응)

<table>
<tr><th>부작용</th><th>대처법</th></tr>
<tr>
<td>
일반적으로는 약물 부작용이라고 부르는 약에 의한 반응으로, 정상적인 용량에 따라 의약품을 복용했음에도 불구하고 원래 의도한 목적과는 다르게 원하지 않는 현상이 신체적·정신적으로 나타나는 것을 의미한다.
<table>
<tr><td>흔히 나타나는 부작용</td><td>두통, 복통, 식욕저하 수면 시간이 늦어짐, 예민해지거나 짜증냄</td></tr>
<tr><td>드물게 나타나는 부작용</td><td>틱, 성장 지연, 체중 감소, 구역, 구토, 무감동증, 졸음</td></tr>
<tr><td>매우 드물지만 심각할 수 있는 부작용</td><td>환각, 자살 사고, 간 수치 상승, 혈압 상승, 맥박 상승, 강박 증상, 운동장애</td></tr>
</table>
</td>
<td>
약물 부작용을 조기에 발견하지 못하고, 지속적으로 약에 노출될 경우에는 약물 부작용이 진행되어 더욱 심각한 단계까지 이를 수 있고, 심한 경우에는 생명의 위협이나 영구적 장기 부전을 초래할 수 있다.

— 부작용 발생 대처 —

부작용이 나타나면 즉시 복용 중지

가까운 병·의원 및 약국 방문
</td>
</tr>
</table>

③ 자주 접하는 부작용 사례

약물	부작용
아스피린을 포함한 해열·소염·진통제	속쓰림, 두드러기, 호흡곤란, 신기능 악화
항생제	발진, 아나필락시스성 쇼크, 신기능 악화, 간기능 악화
조영제	두드러기, 가려움증, 발진
항암제	손발 저림, 오심, 구토, 설사, 두드러기, 탈모

(5) 약물 오남용

① 용어 정의

· 약물오용

어떤 물질을 처방 혹은 규정대로 사용하지 않고 임의로 사용하는 행위를 말한다.

· 약물남용

감정, 인식, 행동에 인위적인 변화를 일으키기 위해 향정신성 약물을 비의학적으로 사용하는 행위를 일컫는 용어로 일반적으로 의학적·사회적 통념에 맞지 않게 약물을 지속적·산발적으로 과용하는 행위와 정상적으로 사용하지 않는 행위를 말한다.

· 약물의존

약물남용(substanceabuse)뿐만 아니라 내성 또는 금단증상(withdrawalsymptoms)을 포함하여 알코올이나 약물을 불건전하게 사용함으로써 생기는 장애를 의미한다.

· 약물중독

고의 혹은 실수로 치료적 약물을 과량 복용하여 약물이 나타내는 치료적 효과 외의 독성 부작용이 발생할 것으로 예견되는 상태를 말한다. 청소년기 이상의 연령에서 발생하는 약물중독은 대부분 자살을 시도하는 등의 의도적인 경우가 많다. 약물중독은 자살 발생률이 높은 청소년기와 노년기에서 그 빈도가 높은 경향을 보인다.

② 원인

주로 사회적 요인, 약물의 부정적 결과에 대한 인식이 부족한 인지적 요인, 낮은 자존감이나 공격성 등 성격적 요인, 반사회성과 관련된 행동적 요인, 의존성·내성 또는 금단 현상을 일으키는 약물학적 요인, 발달학적 요인들 간의 복잡한 상호작용에 의한 것으로 알려져 있다.

③ 건강에 미치는 영향

신체적 피해	정신적 피해	사회적 피해
신체의 정상적인 발달을 해치고 기능의 이상을 초래한다.	중독성, 습관성으로 상습적인 약물복용에 빠져 뇌 기능에 이상을 가져온다.	각종 범죄행위로 이어져 가정과 사회를 파괴한다.
뇌손상, 구토, 떨림	기억력·판단력 감퇴, 불안감 증가, 초조감 초래	가정폭력, 교통사고, 청소년 비행

④ 생활 속 오남용하기 쉬운 약물

· 잠을 줄이기 위하여 고카페인 음료 남용

대뇌 각성에 의해 깨어 있으나 집중력이 현저히 감소하여 학습 효율이 떨어지고, 대신에 심계항진(가슴 두근거림), 혈압 상승, 어지러움, 번민, 메스꺼움, 기관지 확장, 자궁 수축, 이뇨 등의 부작용이 나타나며, 반복 사용 시 중독에 빠지나 약 2주만 참으면 중독에서 벗어날 수 있다. 금단증상으로 졸음, 두통, 식욕 이상 등이 나타난다.

· 공부 잘하는 약(ADHD치료제)의 오남용

공부 잘하는 약으로 알려진 메틸페니데이트는 암페타민류의 정신-신경 흥분제로 ADHD 치료에 사용되는 약이다. 각성작용이 강하여 많은 수험생들이 처방을 받아 사용하고 있지만 깨어있게 하나 학습 효율이 떨어지고, 필로폰에 버금가는 독성과 의존성이 있어서 사용해선 안 되는 약이다.

· 대근육 늘이기 위한 단백동화호르몬제

장기간 사용 시 근 단백의 동화를 촉진시켜 근육량을 증가시키는 남성 호르몬제로 운동선수들이 많이 사용하였으나 사용 중단 시나 반작용과 장기간 사용 시 독성이 강하여 선수 보호 차원에서 그 사용을 금지하고 있다. 모든 스포츠 선수들에게 위험 1호 대상 약물이다.

⑤ 약물오남용 과정과 중독 진행 단계

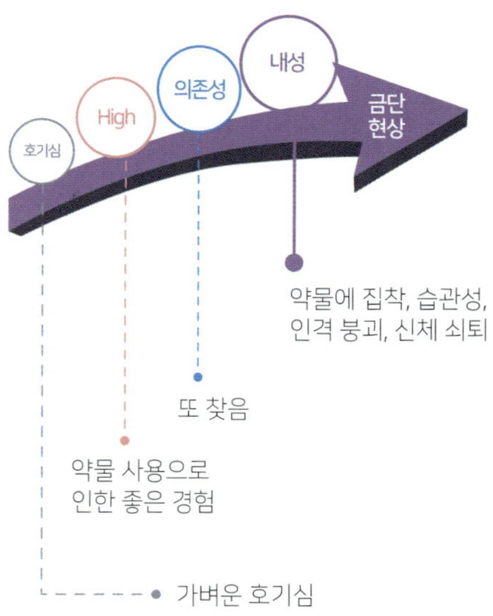

① 호기심(실험적/여가용 사용)
- 가장 낮은 순위
- 친구들과, 즐거움, 호기심

② High(상황적/간헐적 사용)
- 원하는 요구 충족(예: 소극적인 사람)
- 사회적, 쾌락 도구

③ 의존성(심화된/정기적 사용)
- 매일 혹은 거의 매일 사용
- 사회적·직업적 문제 발생
- 남용으로 간주

④ 내성(강박적/중독적 사용)
- 매우 위험하고 심각한 수준
- 금단증상 피하기 위해 사용
- 물질이 삶의 중요한 부분
- 문제를 알면서도 끊지 못함
- 중독으로 간주

(6) 올바른 사용법

① 안전한 약물 사용 3단계

의사와 약사에게 알려! 주세요.

- 현재 복용 중인 약을 알려주세요!(약수첩을 꼭 가지고 다니세요!)
- 약물 또는 염색약이나 색소 등에 이상반응이 있었는지 여부
- 임신 중이거나 임신을 계획하고 있는지 여부
- 모유 수유 중이거나 계획을 하고 있는지 여부
- 다른 약물 복용 여부(유무)
- 잦은 운전이나 시험 등 졸리면 안 되는 상황인지 여부

물어?보세요.

- 어디에 어떻게 먹는 약입니까?
- 이 약을 복용할 때의 주의해야 할 점은 무엇입니까?
- 복용하는 중에 예상되는 부작용이 무엇입니까?
- 다른 약과 함께 먹어도 되나요?
- 피해야 할 음식이나 식품이 있습니까?
- 약의 보관상의 주의사항이 있습니까?

확인 v 하세요.

- 약의 이름을 확인하세요!
- 약의 용량을 확인하세요!
- 약의 복용시간을 확인하세요!
- 약의 복용방법을 확인하세요!

② 약 사용기한

의료기관 내 의약품 개봉 후 사용 가능 시간

원 약품용기에 표기된 유효기간	28일	1개월	6개월	1년
- 병 포장 - 블리스터 포장 - PTP포장 - 흡입제	- 인슐린	- 소분 시럽(보존제 함유) - 멸균 안약 및 안연고 (보존제함유) - 점이/점비제 - 가글제	- 본래의 시럽 병(보존제 함유) - 가루약(분쇄·소분 조제한 날로부터 6개월) - 연고/크림	- 비닐포장 (지퍼백, ATC포장)

출처:한국병원약사회 의료기관 내 개봉 의약품 관리 지침

(7) 올바른 보관법

① 약물 사용 기한이란?

처음 약물의 효과가 100%라고 할 때 효과가 점점 소실되어 90%까지 유지되는 기간으로 약물에 따라 정해진 사용 기한이 있으며, 이는 본래 약포장에서 확인할 수 있다. 일반적으로 약통에 유효기간이 쓰여 있기 때문에 이를 참조하면 된다. 대부분의 의약품들의 사용 기한은 2~3년 정도이므로 변질이 되지 않았더라도 2년 이상 지난 약들은 폐기하는 것이 좋다.

② 사용 기한이 원래의 기한보다 훨씬 단축되는 경우

· 실온보다 높은 온도 또는 일반적인 조건에 비해 습도가 높은 조건에서 보관한 경우
· 차광 보관해야 하는 약물을 빛이 드는 장소에 보관하였을 경우
· 냉장 보관해야 하는 약물을 실온에 보관한 경우

③ 종류별 보관법

종류	보관법
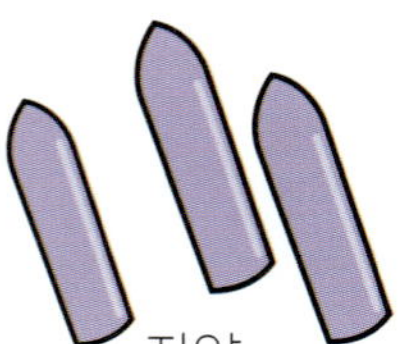 좌약	· 좌약은 실온에서 녹도록 만들어졌기 때문에 15도 이하의 서늘한 곳에 보관하도록 한다. · 냉장고에 보관하면 습기가 차기 쉬우므로 햇빛이 비치지 않는 상온에서 보관하는 것이 좋다. · 개봉 뒤에 즉시 사용한다. · 약이 녹은 경우에는 냉장고에 넣었다가 사용하면 된다.
 안약, 귀약	· 다른 사람과 돌려쓰지 않도록 한다. · 혼자 사용하는 경우라도 점안 시 병, 튜브 끝이 눈에 닿지 않도록 한다. · 귀약의 경우 약을 면봉에 묻혀 사용하는 것도 약을 보관하는 방법 중 하나이다. · 안약의 경우, 개봉 후 1개월 이내에 사용하도록 해야 한다.

종류	보관법
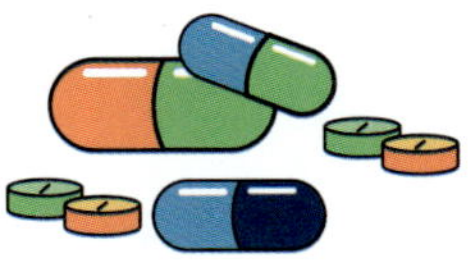 알약	· 원래의 의약품 용기에 넣어 보관하고, 건조하고 서늘한 곳에 보관한다. · 알약이 들어있는 병이 햇빛을 받으면 병 안쪽으로 습기가 차고 곰팡이가 생겨 변질될 수 있기 때문에 직사광선을 피해 보관하도록 한다.
 가루약	· 대부분의 가루약은 병원이나 약국에서 조제되어 알약보다 유효기간이 짧다. · 습기에 약하므로 건조한 곳에 보관하도록 특별히 주의한다. · 냉장고나 냉동고, 욕실 선반에 보관하지 않는다. · 색깔이 변했거나 굳었다면 폐기한다.
 시럽제	· 특별한 지시사항이 없으면 실온에 보관한다. · 복용 전 반드시 색깔이나 냄새를 확인한다. · 항생제 시럽 중에는 냉장보관이 필요한 것이 있으므로 주의한다. · 냉장보관 시에는 7~14일 정도가 적정하다.

④ 올바른 의약품 폐기방법

보건복지부의 폐의약품 분리수거 정책에 따라, 먹다 남은 약이나 사용 기한이 지난 약은 전국 1만 6400여 개의 약국에서 회수를 받고 있다. 약을 올바르게 처리하는 법을 미처 알지 못해, 잘못 폐기하거나 보관하게 되면 각종 문제가 발생할 수 있다.

㉠ 남은 약을 일반 쓰레기나 하수구에 버리면?
⇒ 항생물질 성분이 하천과 토양에 남아 생태계 교란과 식수 오염을 가져올 수 있다.

㉡ 사용 기한이 지난 약을 장기간 보관하거나 방치하면?
⇒ 잘못된 복용으로 약물 오·남용이 발생할 수 있다.

2) 음주

(1) 술

① 술이란?

탄수화물을 발효시켜서 만든 알코올이 1% 이상 포함된 물질을 말한다. 알코올은 뇌 기능을 떨어뜨리고 중독성이 있기 때문에 알코올이 포함된 술은 약물로 분류된다.

② 종류

위드마크 공식 계산 기준(스웨덴 생리학자 위드마크 고안, 음주량·체중 등을 고려해 시간에 따른 혈중알코올농도 계산 방법)

출처 : 경찰청

③ 알코올 대사 과정

에탄올은 복용량의 약 95%가 간에서 대사되어 아세트알데하이드를 거쳐 초산으로 대사되며, 5%는 에탄올 자체로 호흡, 소변, 땀 및 대변으로 배설된다.

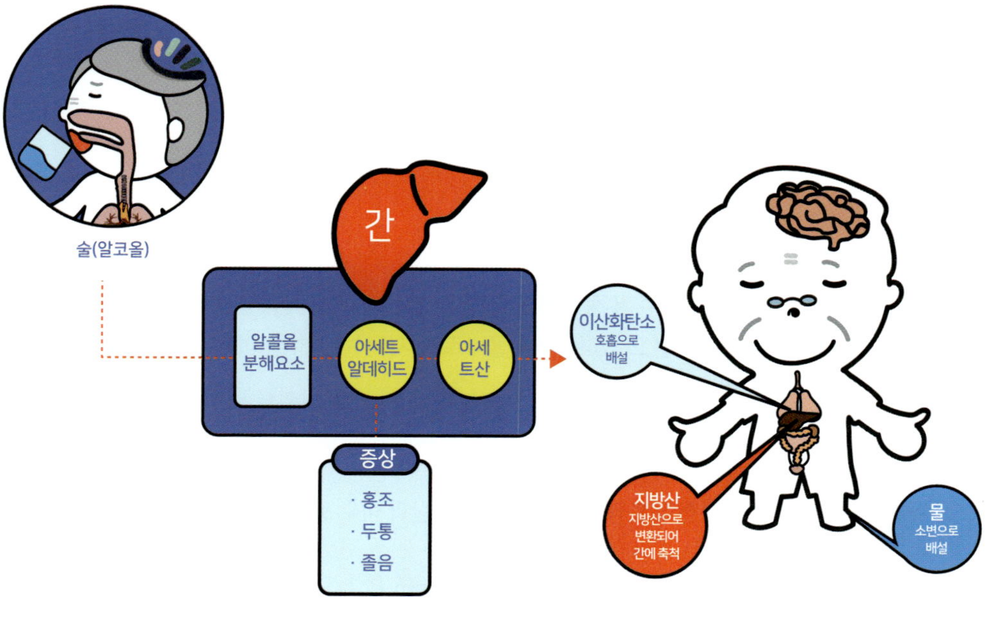

(2) 음주

① 음주 후 신체와 행동의 변화

신체와 행동의 변화	섭취할 알코올의 부피	마시는 술잔의 수		
		맥주잔	소주잔	위스키잔
감정의 변화	16㎖	1.5	1	1
안정감과 편안함을 느낌	32㎖	3.5	2.5	2.5
감정과 행동이 격양되고 판단에 지장을 줌	48㎖	5	3.5	3.5
움직임이 둔해지고 말하는데 지장을 줌	64㎖	6.5	4.5	4.5
명백한 중독 상태가 됨	80㎖	8	5.5	5.5

② 문제점

단기적 문제	장기적 문제
· 몸의 움직임이 둔해지고, 사고나 판단 능력이 감소된다. · 각종 사건사고 등으로 이어질 수 있다.	· 우리 몸 전신에 작용하는 200여 종의 질병과 관련된다. 음주는 뇌를 손상시키고, 고혈압, 부정맥 등 혈관성 질환을 일으키며, 또한 지방간, 간염, 간경화, 간암 등 각종 간 질환을 일으킨다. · 알코올 중독을 유발하며, 면역 기능도 망가뜨린다.

③ 건강에 미치는 영향

· 술은 1군 발암물질이다. 국제암연구소(IARC)에 따르면 술은 유방암, 구강암, 인두암, 후두암, 식도암, 대장암, 간암 등 다양한 암을 유발한다.

· 술은 우리 몸 전신에 작용하고 200여 종의 질병과 관련된다.

· 술은 우리 몸의 뇌, 신장, 간, 피부, 호흡기, 소화기 등 전신에 광범위하게 작용하여 세포와 신경에 영향을 미친다.

· 기억능력이 감소하고 감정 조절이 어렵게 된다. 이러한 과정이 반복되면 알코올에 의해 신경세포가 손상되어 그 증상으로 흔히 음주 후 발생하는 두통, 혼미, 피로, 어지럼증, 졸음, 둔함, 권태, 식욕상실 등의 증상이 나타난다.

· 술은 뇌를 손상시키고 중독을 일으킨다. 뇌의 신경전달 활동을 방해해서 뇌의 기능을 늦추거나 방해하며, 단기적으로는 몸이 둔해지고 기분이 좋거나 나쁜 증상들이 일시적으로 나타난다.

· 장기적으로는 알코올 중독 증상, 우울, 동요, 학습장애, 기억상실 등 기분과 행동장애, 뇌 위축 등이 발생할 수 있다.

· 술은 고혈압, 부정맥 등 혈관성 질환을 일으킨다. 과음과 잦은 음주는 심장이 불규칙적으로 뛰는 부정맥을 유발해서 현기증, 심장마비를 일으킬 수 있다.
· 술은 혈관의 수축기능에 관여하여 고혈압을 일으킬 수 있다. 또한 부정맥, 고혈압과 같은 질병은 뇌졸중을 일으키거나 증상을 악화시킬 수 있다.
· 술은 간에서 분해되기 때문에 지방간, 간염, 간경화, 간암 등 각종 간 질환을 일으킨다. 간은 우리 몸에서 해독작용, 영양분대사, 면역, 혈액응고 등 다양하고 중요한 화학적 작용을 담당한다.
· 과도한 음주 혹은 술을 분해하는 효소가 부족한 사람은 간이 술을 분해하지 못해 독성물질이 생성되며, 독성물질은 간 세포를 손상시키고 염증을 유발하며 몸 전체에 악영향을 미친다.
· 과음은 장기적으로 간 기능 저하, 지방간, 황달, 간염, 간경화, 간암 등의 질병을 유발한다.
· 술은 면역을 망가뜨린다. 우리 몸은 주변의 각종 세균과 박테리아로부터 스스로를 지킬 수 있도록 면역체계를 갖추고 있다. 만성적인 과음은 면역 활동을 방해하여 폐렴, 결핵과 같은 질환에 걸리기 쉽다.

④ 대표적인 음주 위험 사례

㉠ 알콜성 간질환

습관성 음주는 알코올성 지방간, 알코올성 간염 및 알코올성 간경변증을 유발하는데 이러한 세 가지 질환을 통틀어 알코올성 간질환이라고 한다. 습관성 음주자는 거의 모든 사람에게 알코올성 지방간이 있으며, 10~35%는 알코올성 간염을, 10~20%는 간경변증을 가지고 있다.

<table>
<tr><th>진행과정</th><th>합병증</th></tr>
<tr><td>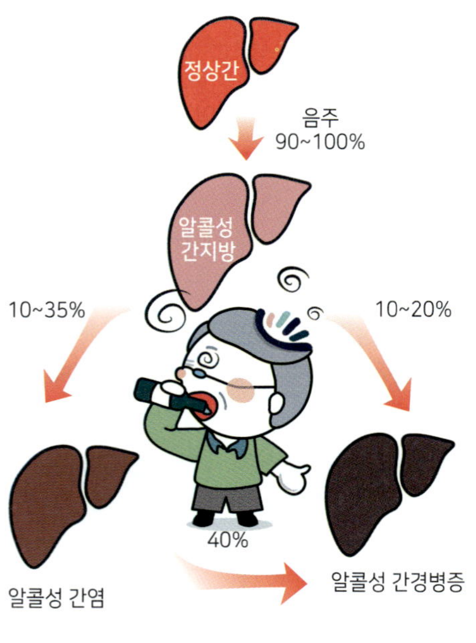
</td><td>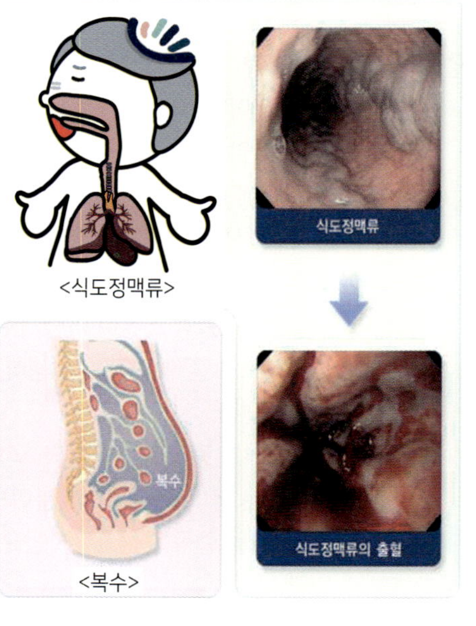
</td></tr>
</table>

ⓛ 알콜성 치매

치매는 기억력을 비롯한 다양한 인지 기능의 장애가 서서히 발생하면서 일상생활 수행 능력에 문제가 생길 때 진단할 수 있다. 가장 흔한 치매는 노화에 따른 신경계의 퇴행성 변화에 의해 생기는 '알츠하이머병'이 있다. 하지만 최근에는 젊은 층에서도 치매 환자들이 늘어나고 있는데 과다한 술 섭취로 인한 알코올성 치매가 흔한 원인 중 한 가지이다. 알코올은 혈관을 통해서 우리 몸에 흡수되는데 술을 많이 마시게 되면 혈액 속의 알코올이 뇌세포에 손상을 주게 되고 이러한 문제가 반복되면 회복 불가능한 상태로 뇌에 영구적인 손상을 주게 된다.

<table>
<tr><th>블랙아웃 진행 과정</th><th>초기 증상</th></tr>
<tr><td>블랙아웃은 우리가 흔히 '필름이 끊긴다'라고 표현하는 현상을 말한다.
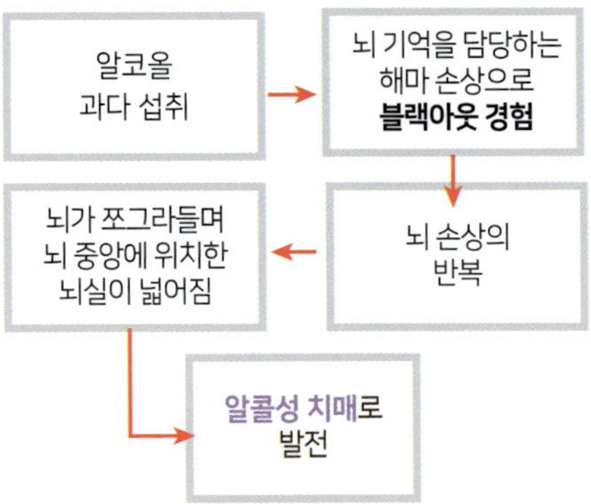
</td>
<td>알콜성 치매의 가장 중요한 치료는 **금주**이다.
피곤과 불안 / 우울
구토 / 기억상실
착화 / 감각이상
</td></tr>
</table>

(3) 절주

① 절주, 금주란?

· 절주

적당한 음주로 자신과 타인에게 정신적·신체적·사회적인 피해를 주지 않을 정도로 마시는 것을 말한다.

· 금주

술을 마시는 것을 금하는 행위, 혹은 먹던 술을 끊고 먹지 않는 행위을 말한다.

② 절주의 필요성

· 비만 관리에 효과적이다.
· 음주에 드는 비용을 다른 문화 활동에 투자할 수 있다.
· 피부가 좋아진다.
· 숙면을 취하는데 도움을 준다.
· 심뇌혈관 질환, 소화기 질환 등 알코올로 인한 질병 개선에 효과적이다.

③ 음주 자가 실천 설문지

문 항	0점	1점	2점	3점	4점
1. 술은 얼마나 자주 마십니까?	전혀 마시지 않는다	한 달에 한 번 이하	한 달에 2~4회	일주일에 2~3회	일주일에 4회 이상
2. 평소 술(소주)을 마시는 날 몇 잔 정도 마십니까?	1~2잔	3~4잔	5~6잔	7~9잔	10잔 이상
3. 한번 술을 마실때 소주 1병 또는 맥주 4병이상 마시는 음주는 얼마나 자주 하십니까?	전혀 없다	한 달에 한 번 미만	한 달에 한 번	일주일에 한 번	매일같이
4. 지난 1년간, 술을 한 번 마시기 시작하면 멈출 수 없었던 때가 얼마나 자주 있었습니까?	전혀 없다	한 달에 한 번 미만	한 달에 한 번	일주일에 한 번	매일같이
5. 지난 1년간, 당신은 평소 할 수 있었던 일을 음주 때문에 실패한 적이 얼마나 자주 있었습니까?	전혀 없다	한 달에 한 번 미만	한 달에 한 번	일주일에 한 번	매일같이
6. 지난 1년간, 술마신 다음날 아침에 다시 해장술이 필요했던 적이 얼마나 자주 있었습니까?	전혀 없다	한 달에 한 번 미만	한 달에 한 번	일주일에 한 번	매일같이
7. 지난 1년간, 음주 후에 죄책감이 들거나 후회를 한 적이 얼마나 자주 있었습니까?	전혀 없다	한 달에 한 번 미만	한 달에 한 번	일주일에 한 번	매일같이
8. 지난 1년간, 음주 때문에 전날 밤에 있었던 일이 기억나지 않았던 적이 얼마나 자주 있었습니까?	전혀 없다	한 달에 한 번 미만	한 달에 한 번	일주일에 한 번	매일같이
9. 음주로 인해 자신이나 다른 사람이 다친 적이 있었습니까?	없었다		있지만 지난 1년간에는 없었다		지난 1년내 있었다
10. 친척이나 친구 또는 의사가 당신이 술 마시는 것을 걱정하거나 술 끊기를 권유한 적이 있었습니까?	없었다		있지만 지난 1년간에는 없었다		지난 1년내 있었다

(진단결과)

	남성	여성
정상 음주군	0 ~ 9점	0 ~ 5점
위험 음주군	10 ~ 19점	6 ~ 9점
알코올 사용자 장애 추정군	20 ~ 40점	10 ~ 20점

출처 : 대한신경정신의학회

④ 생활 속 절주 실천 방법

1 술자리는 되도록 피한다.

2 남에게 술을 강요하지 않는다.

3 원샷을 하지 않는다.

4 폭탄주를 마시지 않는다.

5 음주 후 3일은 금주한다.

6 이런 사람은 금주한다.

3) 흡연

(1) 담배란?

연초 혹은 남초라는 가지과 여러해살이 풀로, 지금은 이것으로 만든 제품을 의미한다.

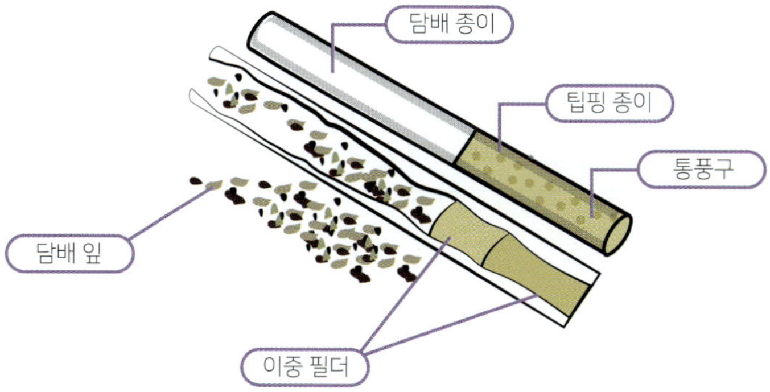

① 유해 성분

담배연기에는 지금까지 밝혀진 것만 해도 4,000여 종이 넘는 화학물질이 들어 있는데 그 중에서 중요한 성분은 타르, 니코틴 그리고 일산화탄소이다.

② 대표적인 유해 물질

성분	영향
타르	일명 담뱃진이라고도 하는 흑갈색의 타르는 수많은 화학물질의 집합체이다. 흡연이 몸에 해로운 것은 바로 타르 때문이다. 흡연자들이 피우고 난 담배꽁초의 필터를 보면 백색에서 흑갈색으로 변한 것을 볼 수 있다. 이것이 바로 타르이다. 이것은 그 독성이 매우 강해서 옛날에는 재래식 화장실의 구더기를 죽이는 데 사용하기도 했다. 타르는 기관지와 폐를 상하게 한다. 일부는 혈관으로 들어가 온 몸에 퍼져 암을 일으키고 심장을 포함한 모든 장기조직과 세포에 큰 피해를 준다. 타르는 암 발생의 가장 중요한 역할을 담당한다.
니코틴	니코틴은 필로폰, 헤로인 등의 마약만큼이나 강력한 습관성 중독을 일으키는 약물이다. 담배를 끊을 수 없게 만드는 이유가 바로 니코틴의 중독성 때문이다. 니코틴이 인체에 미치는 영향은 매우 광범위하게 나타난다. 니코틴은 신경을 흥분시키기도 하고 억제시키기도 한다. 짧은 시간 내에 과량의 담배를 흡연하였을 경우, 처음에는 맥박이 느려지고 호흡이 빨라지며 경련이 일어나다가 나중에는 호흡 중추 및 말초 호흡근 마비로 사망할 수 있다. 즉 한꺼번에 과량의 담배를 피울 경우 사망하게 되는 원인이 여기에 있는 것이다.
일산화탄소	담배연기의 가스 성분 중에서 제일 많은 부분을 차지하는 것은 연탄가스로 잘 알려진 일산화탄소이다. 일산화탄소는 담배를 흡입할 때 폐를 통해 혈액 속으로 녹아든다. 따라서 흡연자의 혈액 속에는 비흡연자보다 일산화탄소 농도가 훨씬 높다. 호흡을 통해 혈액으로 들어간 산소는 혈색소(헤모글로빈)와 결합하여 온 몸으로 운반되는데, 일산화탄소는 이러한 산소 운반을 방해한다. 그것은 일산화탄소가 혈색소와 결합하는 친화력이 산소보다 200배 이상 높기 때문이다. 그러므로 흡연자는 숨을 제대로 쉬더라도 산소가 희박해진다. 일산화탄소는 수많은 흡연자들을 괴롭히는 만성피로를 일으킬 수도 있다. 또한 혈관 벽에 상처를 입혀 심장병, 중풍을 일으킬수 있다.

③ 종류

궐련 담배	전자 담배	가열 담배 (일명, 궐련형 전자담배)
가장 흔히 피우는 일반적인 담배	니코틴이 들어있는액상으로 만든 담배	일반 담배와 같은 조성의 담배
높은 온도의 불을 붙여(연소) 발생하는 연기를 흡입	전기로 끓여서 그 수증기를 흡입	가열하여 발생하는 수중기를 흡입
	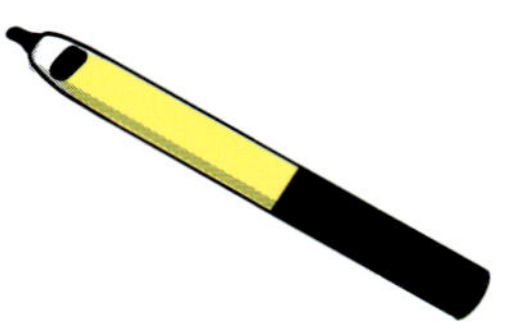	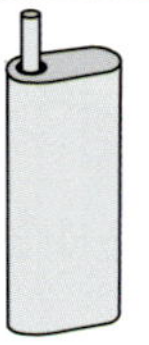

④ 전자담배

㉠ 전자담배란?

전자담배 액상이란 전자담배에 사용되는 용액으로, '전자담배 액'이라고 하며, 니코틴이 주성분이기 때문에 '니코틴 액' 혹은 '니코틴 액상'으로도 불린다. 그러나 '니코틴 액' 혹은 '니코틴 액상'이라고 하면 니코틴만 들어 있다고 오해할 수 있기 때문에 올바른 표현은 아니다. 또한 각 회사에서 판매하는 전자담배의 액상은 적게는 4종류에서 많게는 14종류까지 다양한데, 문제는 이 많은 전자담배 액상 안에 어떤 성분이 얼마나 들어 있는지는 공개되지 않았다는 것이다.

㉡ 전자담배 위험성

· 전자담배는 제품별로 니코틴의 함량 차이가 크고, 표기 역시 부정확하다.
· 발암물질이 검출됐다.
· 호르몬 작용을 교란시키는 환경호르몬이 검출됐다.
· 몸에 좋지 않은 각종 독성물질이 검출됐다.
· 전자담배에 대한 안전기준 마련이 시급하다.

(2) 흡연

① 흡연이란?

㉠ 1차 흡연: 흡연자 본인이 마시는 연기를 의미한다.
㉡ 2차 흡연: 간접흡연은 본인이 직접 흡연을 하는 것이 아니라 남이 피우는 담배 연기에 노출되는 것으로, "강요된 흡연" 혹은 "강제적 흡연"을 의미한다.
㉢ 3차 흡연: 흡연으로 발생되는 화학물질이 벽, 창문, 가구, 바닥, 카펫, 커튼 또는 집 먼지 등의 표면에 흡착되어 있다가 다시 공기 중으로 방출 또는 부유하거나 다른 화학물질과의 반응으로 새로운 독성물질이 생성되는 것을 의미한다.

② 간접흡연의 위험성

㉠ 어린이의 건강위험

· 만 3세까지 폐렴과 기관지염에 걸릴 위험이 57% 증가한다.
· 중이염에 걸릴 위험은 38% 증가, 중이에 물이 차는 삼출성 중이염은 48% 증가한다.
· 호르몬 작용을 교란시키는 환경호르몬이 검출된다.
· 자연유산이나 사산이 될 위험이 1.53배이다.
· 임신 중 산모의 흡연이나 출산 후 부모의 흡연은 영아돌연사 증후군에 걸릴 위험을 2배 증가시킨다.

㉡ 청소년의 건강위험

16세 이하 연령에서 담배를 피우기 시작한 사람은 20세 이후에 시작한 사람에 비해 담배로 인한 피해가 10배나 더 많다. 청소년의 세포, 조직, 장기는 성숙과정이 있기 때문에 독성물질 또는 화학물질과 접촉하는 경우 그 손상 정도가 더욱 커진다. 이 시기에 담배는 어른이 되어 시작한 담배보다 우리 몸에 더 큰 해를 주며, 정상적인 성장에 어려움이 생기고 어른보다 니코틴중독이 쉽게 된다. 또한, 청소년기의 흡연은 청소년 범죄로 연결되며, 청소년의 정서적·사회적 측면에 모두 심각한 영향을 끼친다.

ⓒ 성인의 건강위험

- 1일 이상의 활동 제한, 침상안정, 결근 등을 경험할 위험이 24~43% 증가한다.
- 폐암에 걸릴 위험이 20~30% 증가한다.
- 심장병(관상동맥 심장질환)으로 사망할 위험이 20~50% 증가한다.
- 중풍에 걸릴 위험이 80% 증가한다.

③ 흡연이 건강에 미치는 영향

흡연은 폐암, 구강암, 암, 후두암, 식도암, 장암, 방광암, 췌장암, 자궁경부암, 백혈병 등의 각종 암뿐만 아니라 뇌혈관, 심혈관질환, 각종 폐질환, 골다공증, 백내장 등을 일으키는 가장 중요한 원인이다.

④ 금연이 건강에 이로운 영향

- 금연은 남녀노소 모두에게 중요하고 즉각적으로 건강에 이득이 된다. 이는 흡연 관련 질병의 유무와 상관없이 모두에게 적용된다.
- 금연자는 흡연자보다 장수한다. 예를 들어 50세 이전에 금연한 사람은 흡연자에 비해 향후 15년 동안의 사망위험이 절반이 된다.
- 금연은 폐암을 포함한 암들, 심장마비, 뇌졸중 그리고 만성폐질환의 위험을 줄여준다.
- 임신 전, 혹은 임신초기 3~4개월 이전에 금연한 여성은 저체중아 출산의 위험이 한 번도 흡연하지 않은 여성과 같이 감소한다.
- 금연했을 때 얻는 건강상의 이득은 체중이 평균 2.3kg 증가하거나 금단증상이 오는 위험보다 더 크다.

4) 스마트폰 중독

(1) 스마트폰 중독이란?

스마트폰 이용에 몰두하는 시간이 많고 이로 인해 현저성이 증가하고, 이용 조절력이 감소하여 문제적 결과를 경험하는 상태를 말한다.

① 현저성(Salience): 개인의 삶에서 스마트폰을 이용하는 생활 패턴이 다른 행태보다 두드러지고 가장 중요한 활동이 되는 것을 의미한다.

② 조절 실패(Self-control failure): 이용자의 주관적 목표 대비 스마트폰 이용에 대한 자율적 조절 능력이 떨어지는 것을 의미한다.

③ 문제적 결과(Serious consequences): 스마트폰 이용으로 인해 신체적·심리적·사회적으로 부정적인 결과를 경험함에도 불구하고 스마트폰을 지속적으로 이용하는 것을 의미한다.

(2) 이용 빈도

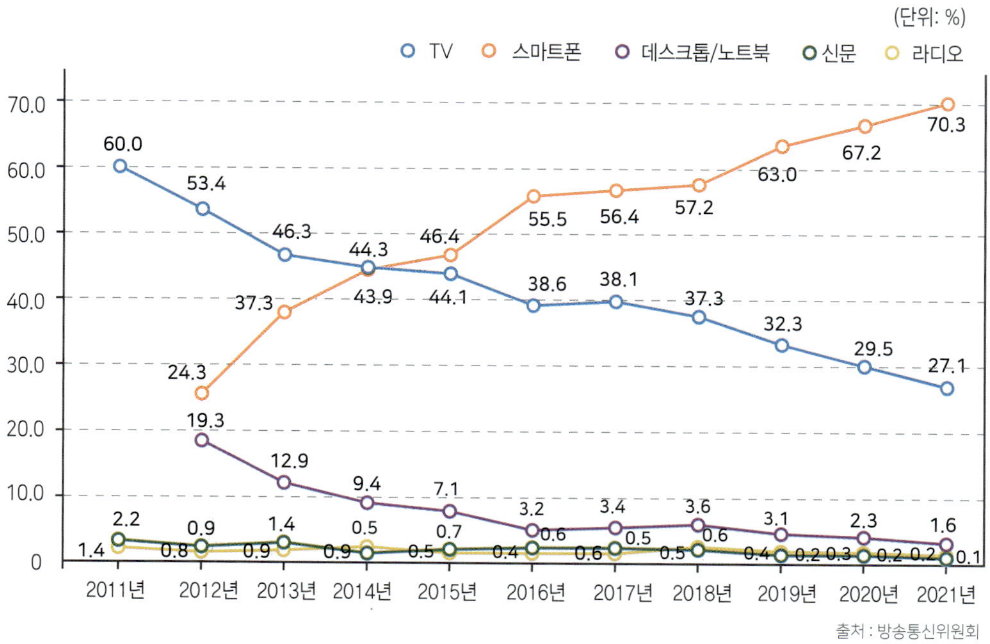

출처 : 방송통신위원회

2021년 전국적으로 만 13세 이상 남녀 6,834명을 대상으로 면접 조사한 결과 일상생활에서 필수 매체로 부상한 스마트폰의 중요도는 70.3%로 전년(67.2%) 대비 증가했다.

(3) 원인

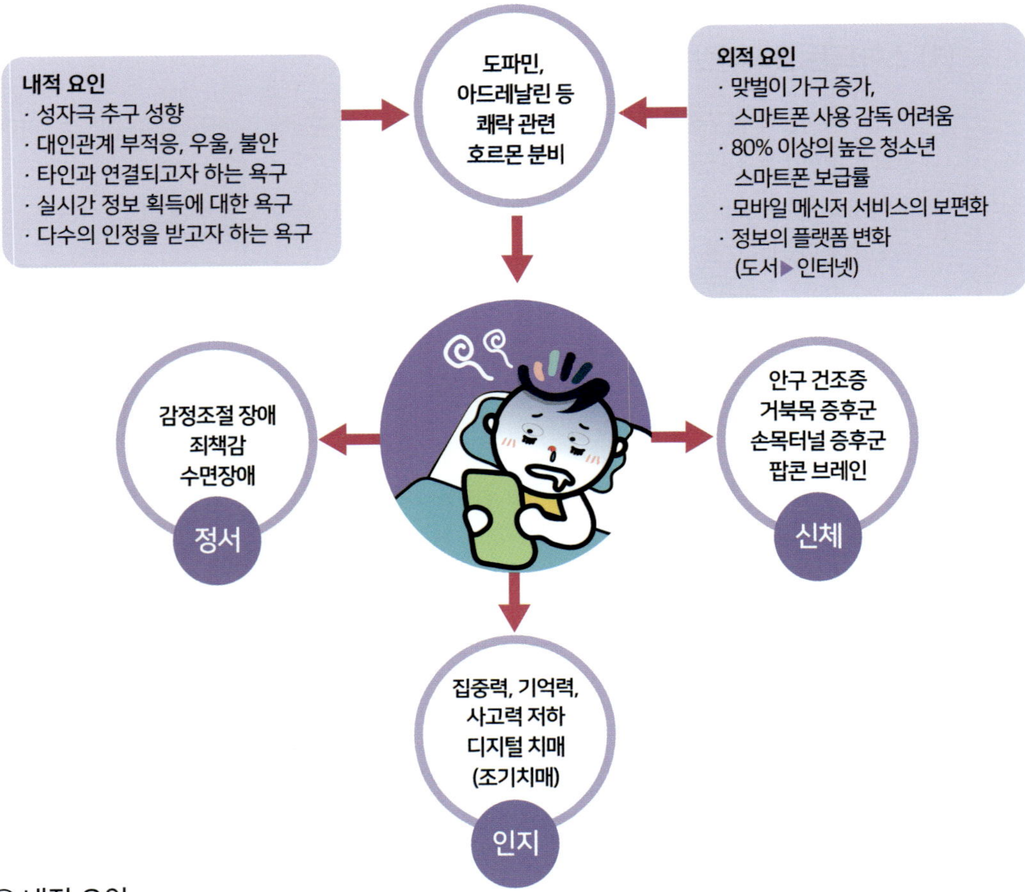

① 내적 요인

· 자극 추구 성향
· 대인관계 부적응, 우울, 불안
· 타인과 연결되고자 하는 욕구
· 실시간 정보 획득에 대한 욕구
· 다수의 인정을 받고자 하는 욕구

② 외적 요인

· 적당한 크기와 휴대의 편리성
· 정보의 플랫폼 변화(문서→인터넷)
· 모바일 메신저 서비스의 보편화
· 인터넷의 매체적 특성

: 인터넷 속에서는 사회경제적 지위나 성, 나이, 인종 등이 중요하게 다루어지지 않기 때문에 사람들은 인터넷을 통해 현실에서 충족하지 못했던 욕구를 해소한다. 사람들은 인터넷을 통해 현실과의 경계선을 허물고 시간 개념을 상실하게 된다. 이러한 현상이 병리적으로 집작하는 증상으로까지 발전하면 결국 중독에 이르게 된다.

(4) 문제점

① 신체 건강에 문제점

스마트폰을 장시간 이용할 경우 자신도 모르는 사이에 목이나 손목, 눈 등에 큰 부담을 주게 된다.

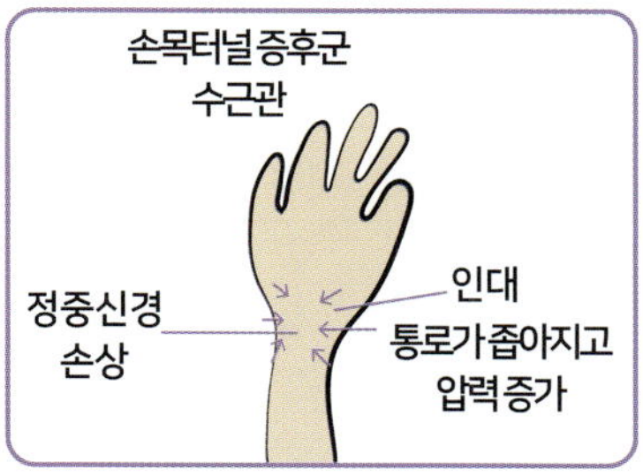

㉠ 손목터널증후군

손끝으로 가는 신경이 손목에 눌려 저리거나 아프고, 감각이 무뎌지는 마비 증상을 보이는데 심할 경우에는 섬세한 동작을 못할 수도 있다. 처음에는 손가락 끝만 저리다가 나중에는 손바닥이나 팔까지 저리게 된다.

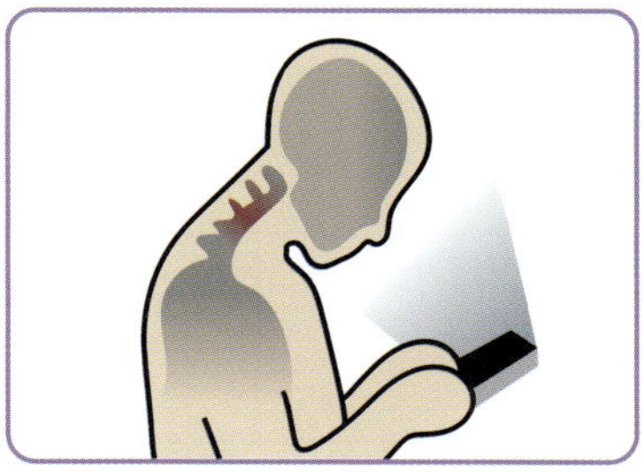

㉡ 거북목증후군

스마트폰 이용자들이 스마트폰을 사용할 때 고개를 숙이는 자세에 따라 목이 거북이처럼 일자가 되는 거북목증후군에 걸릴 위험이 크다. 목뼈가 일자로 되면 목의 충격 완화 효과가 감소하여 목 디스크에 걸릴 확률이 높아진다.

㉢ 안구건조증

스마트폰을 장기간 집중해서 볼 경우 눈 깜빡임 횟수와 눈물 분비 순환이 줄어 안구건조증이 발생하기 쉽다.

② 생활상에서의 문제점

스마트폰을 통해 SNS로 비슷한 관심사를 가지고 있는 사람과 실시간으로 소통할 수 있다. 하지만 과도하게 이용하다보면 가족과의 대화보다는 온라인에서 타인과의 소통에 집중하여 오프라인에서의 대화가 단절된 부작용을 낳을 수 있다. 특히 다음과 같은 인지적인 문제들이 발생할 수 있다.

· 집중력, 기억력, 사고력 저하
· 학습장애
· 업무장애
· 디지털 치매

(5) 중독 척도

스마트폰 과의존 척도

· 유아동용(관찰자용, 9문항)

항목	전혀 그렇지 않다	그렇지 않다	그렇다	매우 그렇다
1. 스마트폰 이용에 대한 부모의 지도를 잘 따른다	④	③	②	①
2. 정해진 이용 시간에 맞춰 스마트폰 이용을 잘 마무리 한다.	④	③	②	①
3. 이용중인 스마트폰을 빼앗지 않아도 스스로 그만둔다.	④	③	②	①
4. 항상 스마트폰을 가지고 놀고 싶어 한다.	①	②	③	④
5. 다른 어떤 것보다 스마트폰을 갖고 노는 것을 좋아한다.	①	②	③	④
6. 하루에도 수시로 스마트폰을 이용하려 한다.	①	②	③	④
7. 스마트폰 이용 때문에 아이와 자주 싸운다.	①	②	③	④
8. 스마트폰을 하느라 다른 놀이나 학습에 지장이 있다.	①	②	③	④
9. 스마트폰 이용으로 인해 시력이나 자세가 안 좋아진다.	①	②	③	④

※ 채점 결과(36점 최고점) : 고위험군 28점 이상, 잠재적 위험군 27~24점, 일반 사용자군 23점 이하

· 청소년 성인·고령층용(자기보고용, 10문항)

항목	전혀 그렇지 않다	그렇지 않다	그렇다	매우 그렇다
1. 스마트폰 이용에 대한 부모의 지도를 잘 따른다	①	②	③	④
2. 스마트폰 이용 시간을 조절하는 것이 어렵다.	①	②	③	④
3. 적절한 스마트폰 이용 시간을 지키는 것이 어렵다.	①	②	③	④
4. 스마트폰이 옆에 있으면 다른 일에 집중하기 어렵다.	①	②	③	④
5. 스마트폰 생각이 머리에서 떠나지 않는다.	①	②	③	④
6. 스마트폰을 이용하고 싶은 충동을 강하게 느낀다.	①	②	③	④
7. 스마트폰 이용 때문에 건강에 문제가 생긴 적이 있다.	①	②	③	④
8. 스마트폰 이용 때문에 가족과 심하게 다툰 적이 있다.	①	②	③	④
9. 스마트폰 이용 때문에 친구 혹은 동료, 사회적 관계에서 심한 갈등을 경험한 적이 있다.	①	②	③	④
10. 스마트폰 때문에 업무(학업 혹은 직업 등) 수행에 어려움이 있다.	①	②	③	④

※ 채점 결과(40점 최고점)
- (청소년) 고위험군 31점 이상, 잠재적 위험군 30점~23점, 일반 사용자군 22점 이하
- (성인) 고위험군 29점 이상, 잠재적 위험군 28점~24점, 일반 사용자군 23점 이하
- (고령층) 고위험군 28점 이상, 잠재적 위험군 27점~24점, 일반 사용자군 23점 이하

<결과해석>

고 위 험 군 : 스마트폰 과의존 경향성이 매우 높으므로 '스마트쉼센터' 등 관련 기관의 전문적인 지원과 도움이 요청된다.

잠재적 위험군 : 스마트폰 과의존 위험을 깨닫고 스스로 조절하고 계획적으로 사용하도록 노력한다. 스마트폰 과의존에 대한 주의가 요망된다.

일반 사용자군 : 스마트폰을 건전하게 활용하기 위해 지속적으로 자기 점검을 한다.

출처 : 과학기술정보통신부

① 디지털 치매(Digital dementia)

㉠ 디지털 치매란?

디지털 기기에 대한 의존성이 심각하며, 기본적 사고 및 기억력, 계산력이 떨어지는 상태를 의미한다.

"어떤 버스를 타야 약속 장소에 갈 수 있는 거지?"
"어디서 환승하는 거였더라?"
"친구 전화번호를 모르는데 어떻게 만나지?"
"가는 길에 스마트폰 없으면 심심해서 어떡하지?"

㉡ 단계별 증상

1단계

· 평소 외우고 있는 전화번호가 몇 개 없다.
· 처음부터 끝까지 외우는 노래 가사가 몇 개 없다.
· 내비게이션이 없으면 자주 가는 길도 못 찾는다.

2단계

· 전화번호를 듣고 몇 초만에 잊어버려 되묻게 된다.
· 문득 배우자 전화번호도 기억이 나지 않는다.
· 물건을 사고 거스름돈 계산이 바로 되지 않는다.

3단계

· 금방 소개받은 사람의 이름도 돌아서면 잊어버린다.
· 컴퓨터 직업 능률이 현저히 떨어진다.
· 책을 읽어도 머릿속에 내용이 남지 않는다.

(6) 과의존 예방 가이드라인

단계	가이드라인
1단계	· 스마트폰 과의존 문제 인식(Problem recognition) 스마트폰 과의존 위험군 비율, 모든 연령 중 청소년(만 10~19세)이 가장 높음
2단계	· 사용 상태 점검(State check) 스마트폰 과의존 척도를 이용해 평소 스마트폰을 어떻게 사용하고 있는지 스스로 점검하기
3단계	· 바른 사용 실천 방안 및 대안 제시(Suggest alternatives) - 스마트폰 관리 앱(App)으로 사용내역을 주기적으로 확인하기 - 아래의 스마트폰 중독 예방법을 잘 활용하여 자신만의 조절 방법을 찾아 실천하기 - 스마트폰 이용 제한 시·공간을 정해 디지털 디톡스(Digital Detox)를 실천하기 - 의미 있는 여가 생활을 가꾸고, 사회 활동에 동참하기
4단계	· 주변 사람과의 관계 형성 강화(Connect) - 스마트폰을 내려놓고 가까운 사람들과 소통하기 - 공공장소에서 스마트폰 예절을 지키기 - 다른 사람과 협력하는 디지털 문화 만들어 가기

(7) 중독 예방법

① 보행·이동 시 스마트폰을 보느라 사고가 일어나지 않게 주의한다.
② 운전 중 스마트폰 사용은 불법이다.
③ 편한 자세보다 불편해도 바른 자세로 스마트폰을 사용한다.
④ 스마트폰에 지나치게 의존하고 있지 않은지 스스로 체크한다.
⑤ 건강한 생활을 위해 수면습관을 점검한다.
⑥ 목적이 있는 경우에만 메신저를 이용하고 불필요할 때는 알람 끄기 또는 무음 기능을 활용한다.
⑦ 가정에서는 스마트폰과 거리를 두기 침실에 충전기를 두지 않고 미리 정한 장소에 스마트폰을 보관한다.
⑧ 업무시간에 스마트폰을 내려놓고 일의 능률을 올린다.
⑨ 건강한 노년을 위해 스마트 에이징(Smart Aging)을 실천한다.
⑩ 스마트폰 문자 대신 직접 대화하며 소통의 즐거움을 찾는다.
⑪ 가족, 친구와 식사 시간을 자주 갖고, 공감할 수 있는 주제로 대화를 한다.
⑫ 산책, 운동, 음악 감상 등 취미활동을 만든다.
⑬ 평소에 퍼즐이나 낱말 맞히기, 간단한 게임 등을 통해 좌뇌와 우뇌를 골고루 사용한다.
⑭ 새로운 것을 배우고 도전을 통해 잠들어 있던 뇌를 깨우며 활력을 높여준다.

3. 감염 안전

1) 감염

(1) 감염이란?

감염은 박테리아, 바이러스, 기생충 또는 곰팡이와 같은 병원성 미생물에 의해 발생하여 한 사람에게서 다른 사람으로 직접 또는 간접적으로 퍼질 수 있는 질병을 의미한다(WHO). 감염은 단 한 번의 유행으로 다수의 생명을 위협하고 막대한 경제적·사회적 손실을 초래하며, 최근 국내에서도 사스, 메르스, 코로나 등 외국에서 유입되는 감염병 관련 피해 사례가 빈번하게 발생하고 있다.

(2) 전파 경로

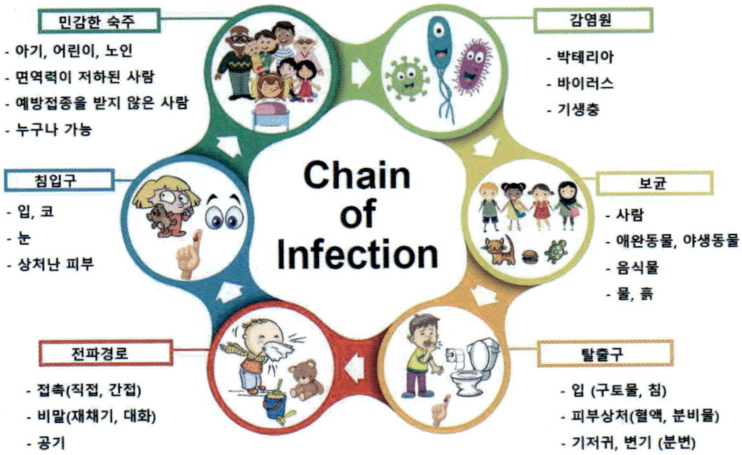

출처:- 2020 Ottawa Public Health-

(3) 전파 유형

유형	내용
접촉 전파	· 직접 접촉 전파: 손을 통한 전파 · 간접 접촉 전파: 오염된 기구나 환경
비말 전파	· 5㎛ 초과하는 입자, 1m 이내 전파 · 기침, 재채기, 대화로 전파 가능
공기 전파	· 공기 중의 5㎛ 이하 작은 입자 · 결핵, 홍역, 수두 바이러스
무생물 매개체	· 오염된 음식, 투약, 혈액, 기구를 통한 전파
생물 매개체	· 모기, 파리, 쥐 등 생물체에 의한 전파

(4) 증상

발열(38℃ 이상) 기침, 가래 복통, 설사 피부발진 귀밑샘 부위 통증과 붓기

· 호흡기계 감염병(인플루엔자, 홍역, 유행성이하선염) : 발열과 함께 기침, 가래, 인후통 등 호흡기 증상이 나타나며, 홍역의 경우 고열과 함께 붉은 반점이 얼굴에서 시작하여 온몸으로 퍼지고, 유행성이하선염의 경우 2일 이상 귀밑샘 부위가 붓고 통증이 심해지는 증상이 나타난다.
· 수인성·식품매개 감염병(노로바이러스감염증, 식중독) : 오심, 구토, 설사, 복통의 증상이 나타난다.
· 기타 감염병 : 유행성결막염으로 눈의 충혈, 부종, 통증, 눈곱의 증상이 나타난다.

2) 감염병

(1) 감염병이란(또는 전염병)?

세균, 바이러스, 진균, 기생충 등의 병원체가 우리 몸을 침범하는 것을 감염이라고 하고, 병원체나 독소에 의한 조직 상해, 병원체에 대한 숙주 반응에 의해 장애가 발생한 것을 감염병이라 한다.

(2) 분류체계

질환 특성에 따른 '군'별 분류체계를 감염병의 심각도, 전파력, 격리 수준, 신고 시기를 중심으로 하는 '급' 체계로 개편하였다.

개정 전

<table>
<tr><th>분류</th><th>감염병 특성</th><th>신고시기</th></tr>
<tr><td>제1군</td><td>물 또는 식품을 매개로 발생</td><td rowspan="4">지체 없이</td></tr>
<tr><td>제2군</td><td>예방접종 대상</td></tr>
<tr><td>제3군</td><td>간헐적 유행이 가능하여 감시하고 대책 수립이 필요</td></tr>
<tr><td>제4군</td><td>신종감염병 또는 해외유행 감염병</td></tr>
<tr><td>제5군</td><td>기생충감염병(표본감시)</td><td rowspan="2">7일 이내</td></tr>
<tr><td>지정 감염병</td><td>유행여부 조사를 위해 감시가 필요(표본감시)</td></tr>
</table>

개정 후

<table>
<tr><th>분류</th><th>감염병 특성</th><th>신고시기</th><th>격리수준</th></tr>
<tr><td>제1급</td><td rowspan="4">치명률이 높거나
집단발생 우려가 큼
↑
감염병 유행 여부
조사를 통한 관리(표본감시)</td><td>즉시</td><td>음압격리와 같은 높은 수준의 격리</td></tr>
<tr><td>제2급</td><td rowspan="2">24시간 이내</td><td>격리 필요</td></tr>
<tr><td>제3급</td><td rowspan="2">격리 불필요</td></tr>
<tr><td>제4급</td><td>7일 이내</td></tr>
</table>

(3) 법정 감염병의 종류(보건복지부: 2022년 변경)

제1급 감염병(16종)

즉시신고

1. 에볼라바이러스병
2. 마버그열
3. 라싸열
4. 크리미안콩고출혈열
5. 남아메리카출혈열
6. 리프트밸리열
7. 두창
8. 페스트
9. 탄저
10. 보툴리눔독소증
11. 야토병
12. SARS
13. MERS
14. 동물인플루엔자 인체감염증
15. 신종인플루엔자
16. 디프테리아

제2급 감염병(23종)

전수감시, 24시간 이내 신고

1. 결핵
2. 수두
3. 홍역
4. 콜레라
5. 장티푸스
6. 파라티푸스
7. 세균성이질
8. 장출혈성대장균감염증
9. A형간염
10. 백일해
11. 유행성이하선염
12. 풍진
13. 폴리오
14. 수막구균 감염증
15. b형헤모필루스 인플루엔자
16. 폐렴구균 감염증
17. 한센병
18. 성홍열
19. VRSA 감염증
20. CRE 감염증
21. 코로나바이러스감염증-19
22. E형간염
23. 원숭이두창

제3급 감염병(26종)

전수감시, 24시간 이내 신고

1. 파상풍
2. B형간염
3. 일본뇌염
4. C형간염
5. 말라리아
6. 레지오넬라증
7. 비브리오패혈증
8. 발진티푸스
9. 발진열
10. 쯔쯔가무시증
11. 렙토스피라증
12. 브루셀라증
13. 공수병
14. 신증후군출혈열
15. AIDS
16. CJD 및 vCJD
17. 황열
18. 뎅기열
19. 큐열
20. 웨스트나일열
21. 라임병
22. 진드기매개뇌염
23. 유비저
24. 치쿤구니야열
25. SFTS
26. 지카바이러스 감염증

제4급 감염병(23종)

표준감시, 7일 이내

1. 인플루엔자
2. 매독
3. 회충증
4. 편충증
5. 요충증
6. 간흡충증
7. 폐흡충증
8. 장흡충증
9. 수족구병
10. 임질
11. 클라미디아감염증
12. 연성하감
13. 성기단순포진
14. 첨규콘딜롬
15. VRE 감염증
16. MRSA 감염증
17. MRPA 감염증
18. MRAB 감염증
19. 장관감염증
20. 급성호흡기감염증
21. 해외유입기생충감염증
22. 엔테로바이러스감염증
23. 사람유두종바이러스 감염증

3) 감염병 통계

(1) 법정 감염병 발생 현황

연도	1970	1980	1990	2000	2005	2010	2011	2012	2013	2014	2015	2016	2017	2018
10만 명 당 발생률	94.9	21.5	14.6	93.9	27.7	192.4	114.6	101.3	148.4	181.0	185.7	201.5	295.5	329.1

연도	1970	1980	1990	2000	2005	2010	2011	2012	2013	2014	2015	2016	2017	2018	2019	2020
10만 명 당 발생률	94.9	21.5	14.6	93.9	27.7	192.4	114.6	101.3	148.4	181.0	185.7	201.5	295.5	329.1	307.7	281.6

*결핵, 후천성면역결핍증은 별도 통계 작성 및 공표하여 제외, 표본감시 감염병 제외

출처: 질병관리본부(2019), 감염병 감시연보(2020)

해외유입 감염병은 지속적으로 증가하여 2010년 이후 매년 400~700명 내외로 신고되고 있었으나, 2020년에는 5,495명이 신고되어 2019년(755명) 대비 627.8% 증가, 2020년에 신고된 주요 해외유입 감염병은 "신종감염병증후군(97.9%), 뎅기열(0.8%), 말라리아(0.5%), 세균성이질(0.2%) 등"의 순으로 나타났다. 제1급감염병은 신종감염병증후군(코로나19)의 신규발생 및 대유행으로 인하여 2019년 1명에서 2020년 60,728명으로 증가하였다. 신종감염병증후군은 코로나바이러스 감염증-19의 전 세계적 유행에 따라 해외유입 사례 증가와 다수의 집단발생으로 '20년 1월 11건이 발생한 이후 꾸준히 증가하여 총 60,727건이 신고되었다.

(2) 법정감염병 연도별 발병 추이

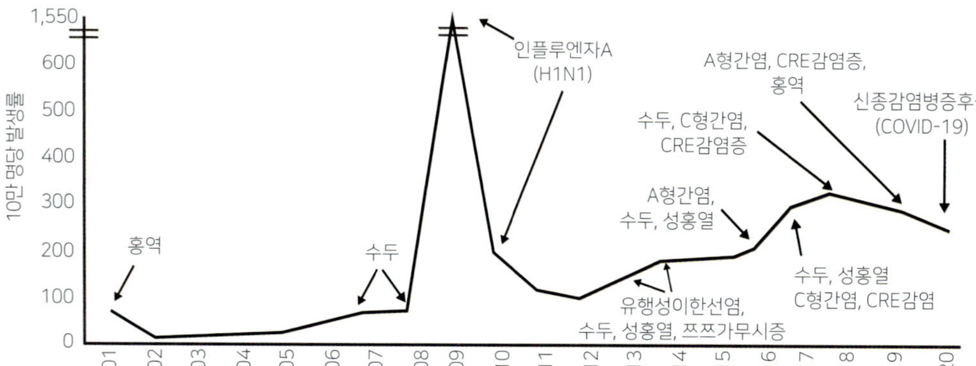

1990년대 이전에는 상수도 보급률의 저조, 개인위생수준의 낙후 등으로 인하여 세균성 이질, 장티푸스, 콜레라 등 수인성 감염병의 발생빈도가 높았으나, 보건위생 환경의 획기적인 개선과 국가예방접종 확대, 감염병 조기 감시망 강화, 적극적인 방역개입 등으로 대부분의 감염병은 감소 추세인 반면, 수두, 성홍열 등 일부 감염병은 지속적으로 발생이 증가하고 있다.

출처: 감염병 감시연보(2020)

4) 감염병 신고

(1) 신고

① 감염병 의심 증상, 즉 설사, 발열 및 호흡기 증상이 나타날 때에는 바로 의료기관을 방문해야 한다.

* 특히, 고위험군(5세 이하, 65세 이상, 임산부, 만성질환자 등)의 경우 즉시 진료를 권고한다.

* 해외 여행객은 귀국 시 발열, 호흡기 증상, 설사, 구토 등의 증상이 있을 경우 건강상태 질문서에 성실히 기재하고 검역관에게 반드시 신고해야 한다.

② 의료기관에서 감염병이 의심되는 경우 의무적으로 지체 없이 관할 보건소에 신고토록 하며 전수감시체계와 표본감시체계를 운영하고 있다. 감염병이 발생하여 유행할 우려가 있다고 인정하면 지체 없이 역학조사를 해야 하고, 그 결과에 관한 정보를 필요한 범위에서 해당 의료기관에 제공해야 한다.

③ 의사, 치과의사, 한의사, 의료기관의 장, 육군, 해군, 공군 또는 국방부 직할 부대의 장은 감염병 발생 시 감염병웹신고시스템(http://is.cdc.go.kr) 또는 팩스를 이용하여 신고서식을 작성하여 관할 보건소장에게 신고한다.

④ 전수감시 대상 감염병은 감염병 환자, 의사환자, 병원체 보유자를 진단한 경우, 감염병 환자 등의 사체를 검안한 경우, 해당하는 감염병으로 사망한 경우 제1급 감염병은 즉시, 제2급 및 제3급 감염병은 24시간 이내에 신고한다.

⑤ 표본감시 대상 감염병은 감염병 환자, 의사환자, 병원체 보유자를 진단한 경우, 감염병 환자 등의 사체를 검안한 경우 7일 이내 신고한다.

(2) 보고체계

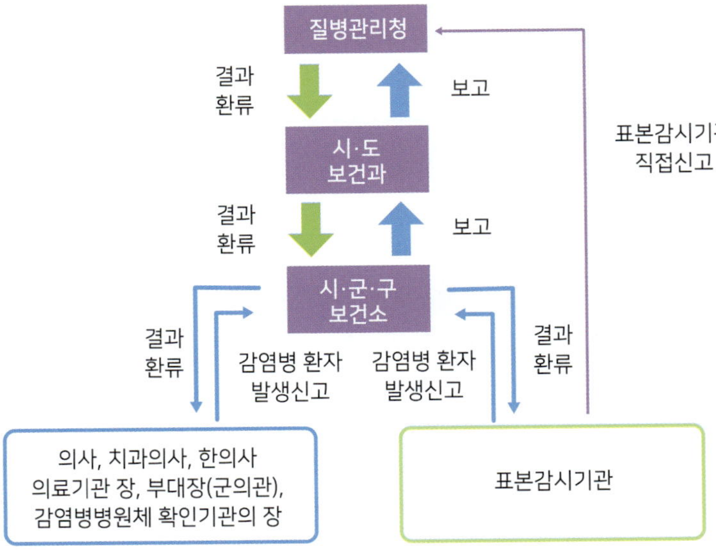

의료기관에서 법정감염병 환자 발생 시 감염병 웹신고시스템(http://is.cdc.go.kr)을 통해 관할 보건소로 신고하면 관할 보건소는 시스템을 이용하여 시·도 보건과로 보고, 시·도 보건과에서는 관련 정보를 확인하여 질병관리청으로 보고한다.

5) 감염병 예방법

(1) 감염 사슬 끊기(WHO)

① 감염예방의 핵심은 백신이나 치료법에 앞서 감염의 경로를 차단하는 것이다.
② 감염 사슬이 연결되어 다음 단계로 가지 않도록 교육 및 개인위생이 필요하다.

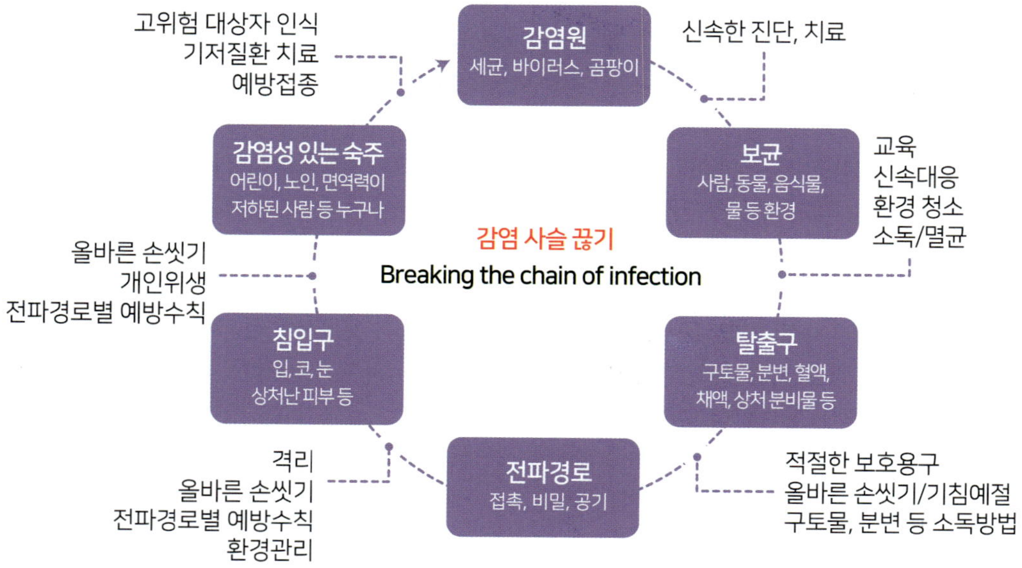

손씻기	· 셀프백신('do-it-yourself' Vaccine): 가장 경제적이며 효과적인 감염예방법으로 각종 질병의 70%를 예방할 수 있다.
기침예절	· 감염병 병원체가 다른 사람에게 전파되는 것을 막을 수 있는 감염병 예방의 기본 수칙이며, 남을 위해 실천할 수 있는 기본예절이다.
올바른 마스크 착용	· 기침이 계속될 때 사람을 만나거나 공공장소에 가게 될 경우 공기 또는 비말로 전파되는 호흡기 감염을 예방할 수 있다.
예방접종	· 병에 걸리지 않게 하며 집단이 면역력을 갖게 되어 병의 유행을 효과적으로 차단한다.
환경 관리	· 많은 사람들이 잠재적으로 노출될 가능성이 있는 물, 식품 등의 환경 관리로 식품위생, 수질관리, 화장실, 행사장 및 숙박시설에 대한 위생 등 적절한 관리 조치로 감염병 발생을 예방할 수 있다.

(2) 올바른 마스크 착용법

마스크 착용 방법

① 마스크 펼치기 / ② 코, 입 가리기 / ③ 머리끈 고정 / ④ 코부분 누르기 / ⑤ 마스크 밀착 확인

① 마스크 펼치기: 마스크 날개를 펼친 후 양쪽 날개 끝을 오므려 주기

② 코, 입 가리기: 고정심(철심) 부분을 위로 하여 코와 입을 완전히 가려주기

③ 머리끈 고정: 머리끈을 귀에 걸어 위치에 고정해 주기

④ 코부분 누르기: 양 손가락으로 고정심 부분이 코에서 떨어지지 않도록 단단히 눌러주기

⑤ 마스크 밀착 확인: 양 손으로 마스크 전체를 감싸고 공기가 새는 건 아닌지 확인하면서 얼굴에 밀착되도록 조정하기

(3) 올바른 손씻기 방법

출처: 질병관리청

(4) 5대 국민행동수칙

출처: 질병관리청

6) 감염병 환자 관리

(1) 환자발생 시 조치 사항

1차 조치사항

- ·역학조사 실시
- ·환자 및 인근주변 소독
- ·환자 발생 보고
- ·보건교육 및 홍보

→

검체 양성 판정 후

- ·환자격리 및 환자 주변 살균·소독
- ·감염경로 추적조사
- ·환자 및 보균자 관리 카드 작성 및 추적관리
- ·추가 환자 발생 일일 모니터링

↗ 입원치료

↘ 자가 치료

(2) 접촉자 관리

① 고위험 접촉자 관리

환자와 마지막 접촉한 날로부터 10일간 자택 격리를 권고하며 매일 유선으로 발열, 호흡기 증상 발병 여부를 확인한다. 발열과 호흡기 증상이 있는 경우에는 즉시 보건소로 연락하여 보건소의 지시에 따라 진찰 및 치료 받도록 교육한다.

② 일상적 접촉자 관리

접촉 후 10일 이내에 발열 또는 호흡기 증상이 있는 경우는 1차로 72시간 자택 격리를 시행하며 관찰한다.

(예: 군집생활 - 학교에서의 같은 반, 결혼식, 장례식, 교회)

· 밀접접촉자는 마지막 접촉 가능 시점부터 감염병의 최대 잠복기간까지 발병 여부를 감시

· 식품업 종사자, 수용시설 종사자 등은 검사 결과가 나올 때 까지 음식 취급, 탁아, 환자 간호 등 금지

· 감염병별 지침에 따라 예방접종 또는 면역글로불린 투여

· 증상 발생 시 즉시 의료기관을 방문하도록 지도

4. 자살 예방

1) 자살

(1) 자살이란?

① 자살을 뜻하는 영어단어인 'suicide'는 '자신'을 뜻하는 라틴어 'sui'와 '죽인다'는 의미인 'cide' 또는 'cidium' 이 결합된 것으로 '자신을 죽인다'는 의미를 갖고 있다.

② 자살은 자살 생각, 자살 계획, 자살 시도 및 자살 완결을 포함하는 과정적인 개념(Maris, 2002)으로 세계보건기구(WHO)는 자살을 '자신의 죽음을 초래할 의도를 가지고 자신의 생명을 끊는 행위'로 이는 죽음의 의도와 동기를 인지하면서 자신에게 손상을 입히는 것이라 정의하였다.

(2) 요인

① 위험요인

장기적 요인	· 유전적 요인(자살의 가족력) · 성격 특성(충동성, 공격 성향) · 태아기 발달부진 및 출산 전후의 환경 · 유소년기 삶의 상처 · 신경생물학적 변동(세로토닌 기능 이상, 시상하부-뇌하수체 축과 활동성)
근접 요인	· 정신질환 · 신체 질환 · 정신사회적 위기

② 보호요인

사람들을 자살로부터 보호하는 데 도움이 되는 개인적 또는 환경적 특성을 말한다.

· 효과적인 행동 및 건강 관리

· 개인, 가족, 지역 사회 및 사회 기관과 연결

· 생활 기술(문제 해결 기술 및 대처 기술, 변화에 적응하는 능력 포함)

· 자존감과 인생의 목적 또는 의미를 부여

· 자살을 억제하는 문화적, 종교적 또는 개인적인 신념

③ 동기별 자살 현황

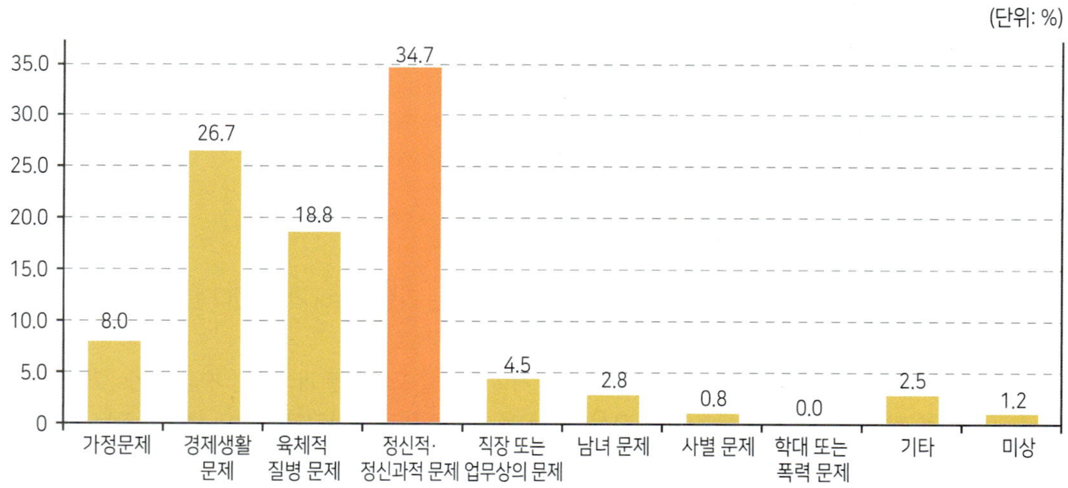

출처: 경찰청, 2019년 변사자통계

자살의 원인(동기) 현황 및 추이를 파악하기 위해 경찰청에서 제공한 2015~2019년 변사자료의 자살통계를 활용하여 분석하였다. 2019년 경찰청 변사자통계에 따른 동기별 자살 현황은 정신적·정신과적 문제가 4,638명(34.7%)으로 가장 많고, 뒤이어 경제생활 문제 3,564명(26.7%), 육체적 질병 문제 2,518명(18.8%), 가정문제 1,069명(8.0%), 직장 또는 업무상의 문제 598명(4.5%), 남녀 문제 373명(2.8%), 사별 문제 113명(0.8%), 학대 또는 폭력 문제는 4명(0.0%) 순으로 많다.

출처: 자살예방백서(2021)

(3) 단서

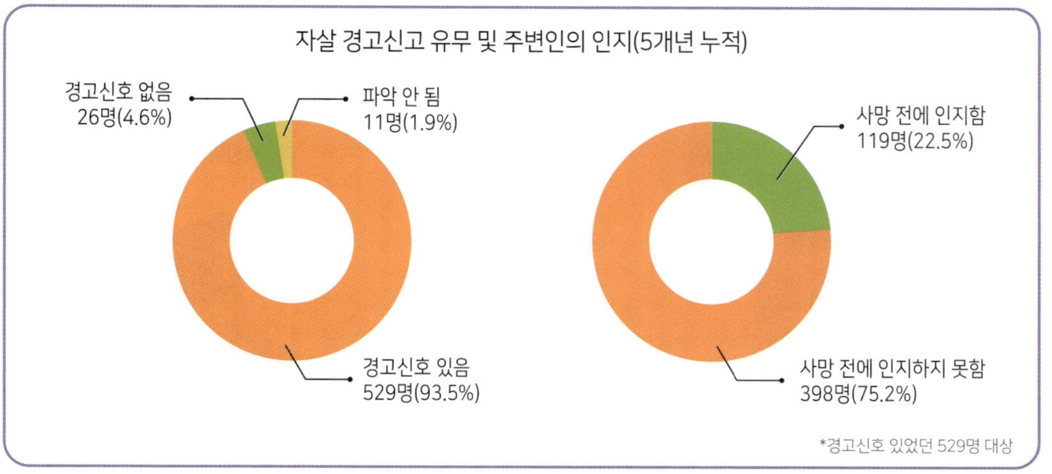

자살사망자 566명 중 529명(93.5%)이 사망 전 경고신호(죽음에 대한 직접적인 언급, 주변 정리, 수면 상태 변화 등)를 보였으나, 이를 주변인이 인지한 경우는 119명(22.5%)에 불과한 것으로 나타났다.

출처 : 보건복지부(2020)

언어
- 죽을 언급("먼저 간다. 잘있어.")
- 자살 방법 표출("총이 있다면….")
- 일기 등에 죽음 기재
- 망자에 대한 그리움 표현

행동
- 불면, 식욕·체중 감소
- 구체적 준비(농약·번개탄 구입)
- 죽음 관련 작품·보도에 몰입
- 평소와 달리 고마움·미안함 표시

정서
- 감정 변화(잦은 눈물, 과묵해짐)
- 무기력, 대인 기피, 외출 자제

죽음을 말이나 글을 통해 직·간접적으로 언급하거나 신체적인 불편함을 호소하고 수면 상태가 변하는 경우, 주위에 미안함을 표현하거나 대인 기피, 무기력 등의 감정 상태 변화를 보이는 경우 등이 자살자의 경고 신호에 해당한다.

2) 자살 관련 통계

(1) 국내 통계

① 성별 자살 현황

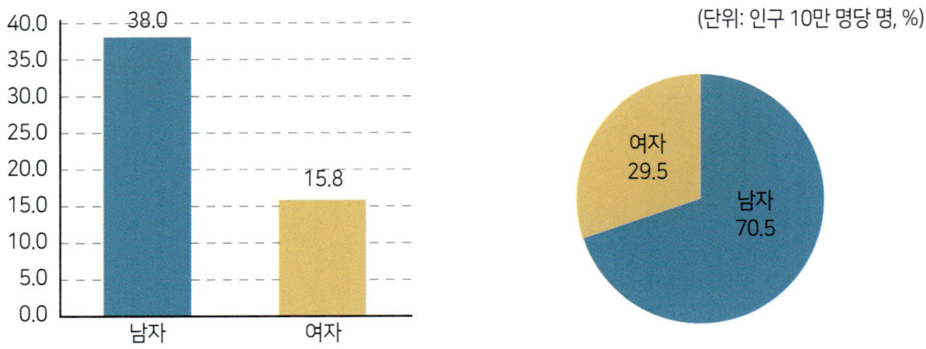

출처: 통계청, 2019년 사망원인통계

2019년 남자의 자살률(인구 10만 명당 명)은 38.0명, 여자는 15.8명으로 남자가 여자보다 2.4배 높고, 2018년 자살률 성비는 2.6배로 전년 대비 남녀 간 차이가 낮아졌다. 전체 자살사망자 중 남자가 차지하는 비율은 70.5%, 여자는 29.5%이다.

② 연령대별 자살 현황

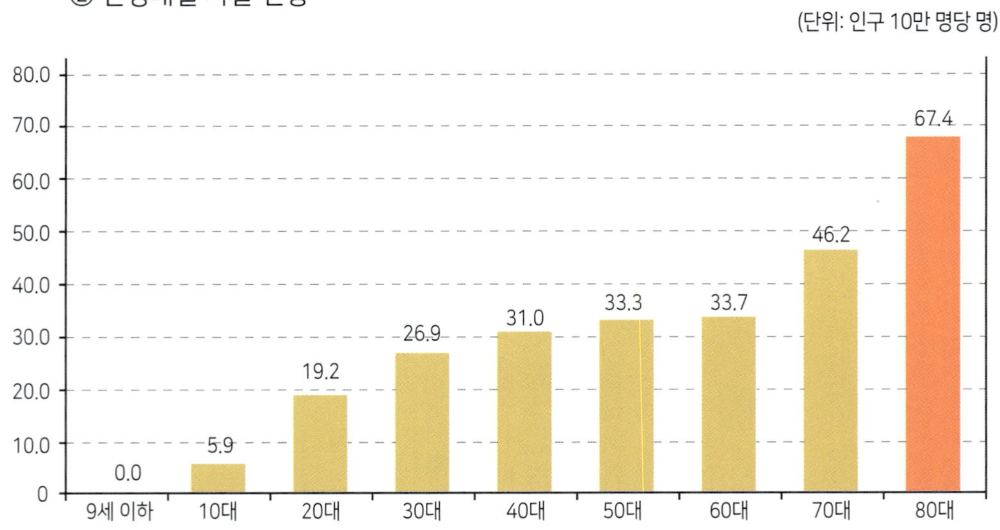

출처: 통계청, 2019년 사망원인통계

2019년 연령대별 자살자 수는 50대가 2,837명으로 가장 많고, 자살률(인구 10만 명당 명)은 80세 이상(67.4명), 70대(46.2명), 60대(33.7명) 순으로 높으며, 2019년에는 연령대가 높을수록 자살률도 증가하는 경향을 보였다.

(2) 국외 통계

OECD 주요국 자살률
단위: 명(OECD 표준인구 10만 명당)

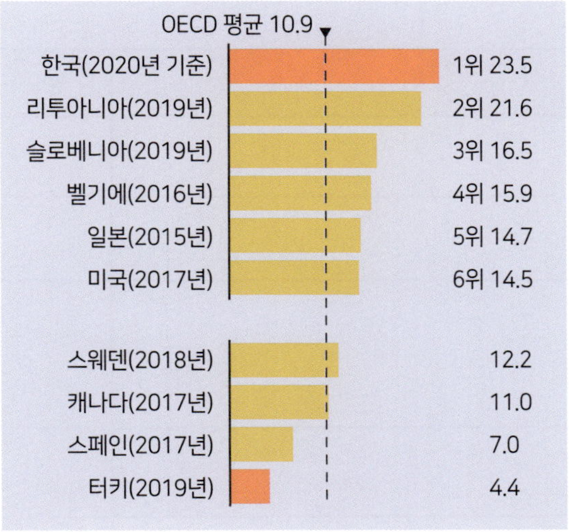

한국 자살률 연령별 증감률
2020년 기준, 단위: %(전년 대비)

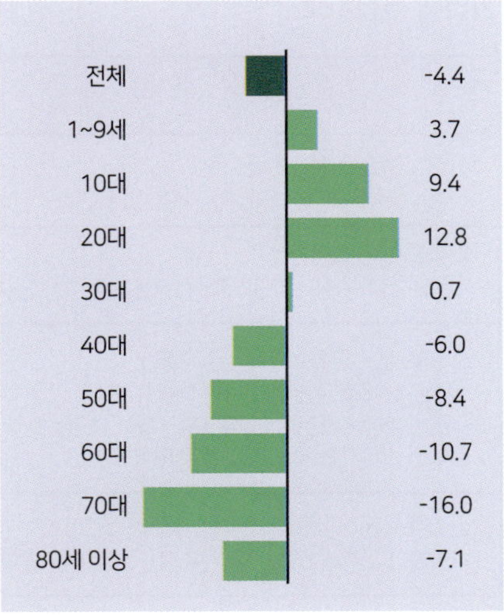

출처: 통계청(2020)

OECD의 발표에 의하면 대한민국의 자살률은 23.5명으로 OECD 회원국 내에서 자살률이 가장 높은 수준인 것으로 나타났다. OECD 회원국의 평균 자살률은 인구 10만 명당 10.9명이다.

(3) 예방 중재

① 인지행동치료(Cognitive Behavioral Therapy, CBT)
환자가 환경을 지각하고 해석하며 반응할 수 있도록 돕는 인지적 기법을 가르쳐 주기 위해 특화된 기술을 사용하는 확장된 행동 치료법이다.

② 변증법적 치료(Dialectical Behavior Therapy)
정서, 인지, 행동, 대인관계, 자기 조절 등 전반적 정서 조절 문제 완화에 초점을 맞추고 있으며, 복잡하고 다루기 힘든 경계선 성격장애를 위한 통합적 인지행동치료방법으로 치료 전략은 자신의 생각이나 정서, 행동 등을 살펴보게 하여 객관적인 사고와 적절한 행동을 할 수 있도록 돕는 치료법이다.

③ 가족 기반 치료
청소년의 자해 행동은 사회문화적 맥락과 가족, 또래 집단의 영향을 많이 받으며, 특히 지지적인 부모는 자해 청소년의 긴장과 스트레스를 직면하는 것을 돕는 데에 매우 중요한 역할을 하게 된다. 가족기반 치료는 애착, 생태학적 문제 해결 또는 위기상황 개입을 포함하여 자살·자해를 감소시키는 목적으로 가족관계와 부모-자녀 관계를 다루는 것이다.

④ 약물 치료
정신질환, 특히 우울증은 자살의 고위험 질환으로 약물치료가 효과적이며 자살을 유발하거나 촉진하는 것과 관련된 생화학적 과정을 조절하는 약물치료가 있다.

⑤ 기타
환자가 심리적인 고통이나 문제를 해결할 수 있도록 통찰을 얻게 하는 정신분석 치료, 미술이나 음악 등을 이용한 심리 치료법이 있다.

· 자살위험 자가진단표

문항들을 자세히 읽어보시고 당신이 일상생활에서 느끼고 있는 바를 가장 잘 나타내는 문항의 해당 번호를 기입해 주십시오.

문항	점수
1. 살고 싶은 소망은? · 보통 또는 많이 있다. (0점) , 약간 있다. (1점) , 전혀 없다. (2점)	
2. 죽고 싶은 소망은? · 전혀 없다. (0점) , 약간 있다. (1점) , 보통 혹은 많이 있다. (2점)	
3. 살고 싶은 이유 / 죽고 싶은 이유는? · 사는 것이 죽는 것보다 낫기 때문에 (0점) · 사는 것이나 죽는 것이나 마찬가지다. (1점) · 죽는 것이 사는 것보다 낫기 때문에 (2점)	
4. 실제로 자살 시도를 하려는 욕구가 있는가? · 전혀 없다. (0점), 약간 있다. (1점) , 보통 혹은 많이 있다. (2점)	
5. 별로 적극적이지는 않고 수동적인 자살 욕구가 생길 때는? · 생명을 건지기 위해 필요한 조치를 미리 할 것이다. (0점) · 삶과 죽음을 운명에 맡기겠다. (1점) · 살기 위한 노력을 하지 않겠다. (2점)	
6. 자살하고 싶은 생각이나 소망이 얼마나 오랫동안 지속되는가? · 잠깐 그런 생각이 들다가 곧 사라진다. (0점) · 한동안 그런 생각이 계속된다. (1점) · 계속, 거의 항상 그런 생각이 지속된다. (2점)	
7. 얼마나 자주 자살하고 싶은 생각이 드나? · 거의 그런 생각이 들지 않는다. (0점) · 거의 그런 생각이 든다. (1점) · 그런 생각이 계속 지속된다. (2점)	
8. 자살 생각이나 소망에 대한 당신의 태도는? · 절대로 받아들이지 않는다. (0점) · 양가적이나 크게 개의치 않는다. (1점) · 그런 생각을 받아들인다. (2점)	
9. 자살하고 싶은 충동을 통제할 수 있는가? · 충분히 통제할 수 있다. (0점) · 통제할 수 있을지 확신할 수 없다. (1점) · 전혀 통제할 수 없을 것 같다. (2점)	
10. 실제로 자살 시도를 하는 것에 대한 방해물이 있다면? · 방해물 때문에 자살 시도를 하지 않을 것이다. (0점) · 방해물 때문에 조금은 마음이 쓰인다. (1점) · 방해물에 개의치 않는다. (2점)	
11. 자살에 대해 깊게 생각해 본 이유는? · 자살에 대해 생각해 본 적이 없다.(0점) · 주변 사람들의 관심을 끌고 보복하거나, 현실 도피의 방법으로 (1점) · 현실 도피적인 문제해결 방법으로 (2점)	

12. 자살에 대해 깊게 생각했을 때 구체적인 방법까지 계획했는가? · 자살에 대해 생각해 본 적이 없다. (0점) · 자살 생각을 했으나 구체적인 방법까지는 생각하지 않았다. (1점) · 구체적인 방법을 자세하고 치밀하게 생각해 놓았다. (2점)	
13. 자살 방법을 깊게 생각했다면 그것이 얼마나 현실적으로 실현 가능하며, 또한 시도할 기회가 있다고 생각하나? · 방법도 현실적으로 실현 가능하지 않고 기회도 없을 것이다. (0점) · 방법이 시간과 노력이 필요하며, 기회가 쉽게 오지 않을 것이다. (1점) · 생각한 방법이 현실적으로 실현 가능하며 앞으로 생길 것 같다.(2점)	
14. 실제로 자살을 할 수 있는 능력이 있다고 생각하나? · 용기가 없고 너무 약하고 두렵고 능력이 없어서 자살을 할 수 없다. (0점) · 자살할 용기와 능력이 있는지 확신할 수 없다. (1점) · 자살할 용기와 자신이 있다. (2점)	
15. 정말로 자살 시도를 할 것이라고 확신하나? · 전혀 그렇지 않다. (0점) · 잘 모르겠다. (1점) · 그렇다. (2점)	
16. 자살에 대한 생각을 실행하기 위해 실제로 준비한 것이 있나? · 없다. (0점) · 부분적으로 했다(예 : 약을 사 모으기 시작함). (1점) · 완전하게 준비했다(예 : 약을 사 모았다). (2점)	
17. 자살하려는 글(유서)을 쓴 적이 있는가? · 없다. (0점) · 쓰기 시작했으나 다 쓰지 못했다. 단지 쓰려고 생각했다. (1점) · 다 써 놓았다. (2점)	
18. 죽음을 예상하고 마지막으로 한 일은? (예 : 보험, 유언 등) · 없다. (0점) · 생각만 해 보았거나 약간의 정리를 했다. (1점) · 확실한 계획을 세웠거나 다 정리를 해 놓았다. (2점)	
19. 자살에 대한 생각을 다른 사람들에게 이야기한 적은 있는가? · 다른 사람에게 터놓고 이야기하였다. (0점) · 드러내는 것을 주저하다가 숨겼다. (1점) · 그런 생각을 속이고 숨겼다. (2점)	
총 점수	

고등학생	대학생	성인	평가
16~19점	14~17점	9~11점	연령 집단에 비해 자살 생각을 많이 함
20~23점	18~21점	12~14점	연령 집단에 비해 자살 생각을 상당히 많이 함
24점 이상	22점 이상	15점 이상	연령 집단에 비해 자살 생각을 매우 많이 함

출처: Beck의 자살 생각척도

Chapter

06

응급처치

1. 응급처치
2. 외과응급 응급처치
3. 내과응급 응급처치
4. 환경응급 응급처치

1. 응급처치

1) 응급처치

(1) 응급처치란?

갑작스런 사고나 질병에 의한 부상자나 환자가 전문적인 의료 서비스를 받기 전까지 현장에서 즉시 조치를 취하는 것을 말한다.

(2) 목적

응급처치는 다음과 같은 효과를 볼 수 있다.

· 감염 및 손상 악화를 방지한다.
· 회복 기간을 단축한다.
· 후유증을 최소화한다.
· 생명을 구한다.

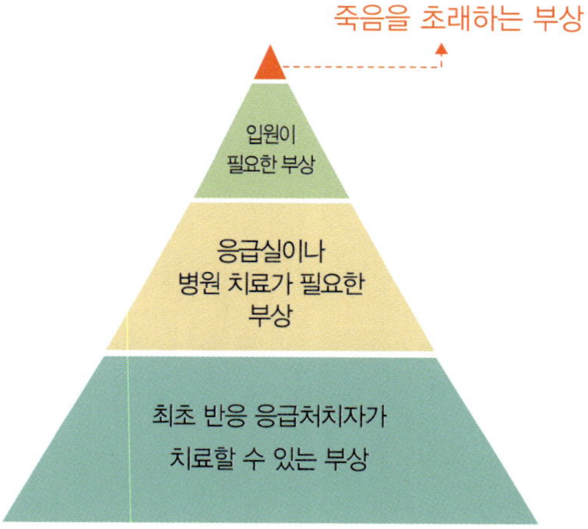

부상 피라미드

(3) 주의점

① 본인의 안전을 먼저 생각한다.
② 응급상황인 경우 먼저 119에 신고 후 도와준다.
③ 꼭 필요한 경우가 아니면 함부로 부상자를 만지거나 움직이지 않는다.

(4) 법적 문제

응급처치 시 발생하는 법적 문제는 '제5조의2(선의의 응급의료에 대한 면책) 생명이 위급한 응급환자에게 다음 각 호의 어느 하나에 해당하는 응급의료 또는 응급처치를 제공하여 발생한 재산상 손해와 사상(**死傷**)에 대하여 고의 또는 중대한 과실이 없는 경우 그 행위자는 민사 책임과 상해(**傷害**)에 대한 형사 책임을 지지 아니하며 사망에 대한 형사책임은 감면한다.'와 같은 관련 법률에 따라 보호받을 수 있다.

2) 응급환자

(1) 응급환자란?

질병, 분만, 각종 사고 및 재해로 인한 부상이나 그 밖의 위급한 상태로 인하여 즉시 필요한 응급처치를 받지 아니하면 생명을 보존할 수 없거나 심신에 중대한 위해가 발생할 가능성이 있는 상황을 말한다.

(2) 응급환자 평가

① 현장 평가

· 현장의 안전성, 사고의 원인, 질병의 특징, 환자는 몇 명인지를 평가하는 단계이다.

· 현장이 위험하면 접근하지 않는다.

② 1차 평가

· 생명을 직접적으로 위협하는 문제점을 찾아내는 단계이다.

· 기도-호흡-순환을 확인한다.

③ 2차 평가

· 현재 생명의 위협은 없으나 치료하지 않으면 생명에 위협이 될 수 있는 내과적 문제와 외과적 손상을 찾기 위해 머리에서 발끝까지 시진과 촉진으로 세부적인 신체검사를 시행하는 단계이다.

④ 응급환자 예시

편측마비

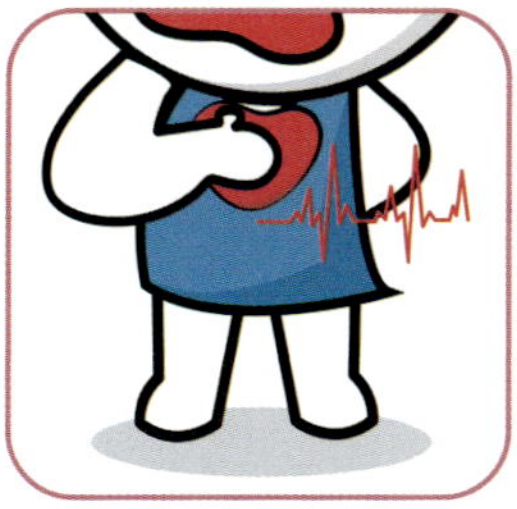
심장마비

약물중독

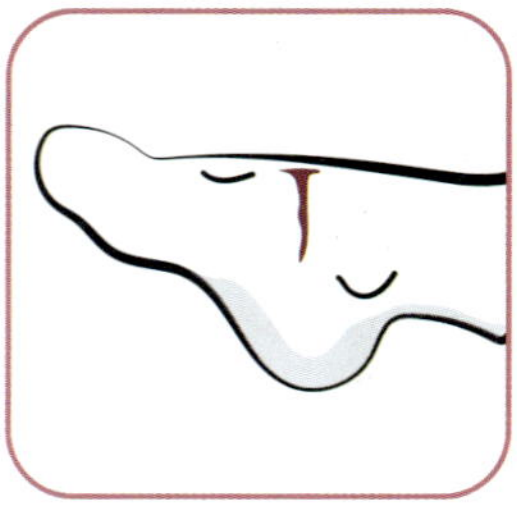
상 처

화 상

코 피

(3) 응급환자 발생 시 신고요령

① 환자가 있다는 것을 알려주기

② 환자의 위치 알려주기

③ 환자가 아픈 곳을 말하기

④ 환자의 나이, 지병을 말하기

⑤ 신고자의 이름과 예비 연락처 말하기

⑥ 의료지도 받고 응급처치하기

(4) 응급환자 발생 시 응급의료체계

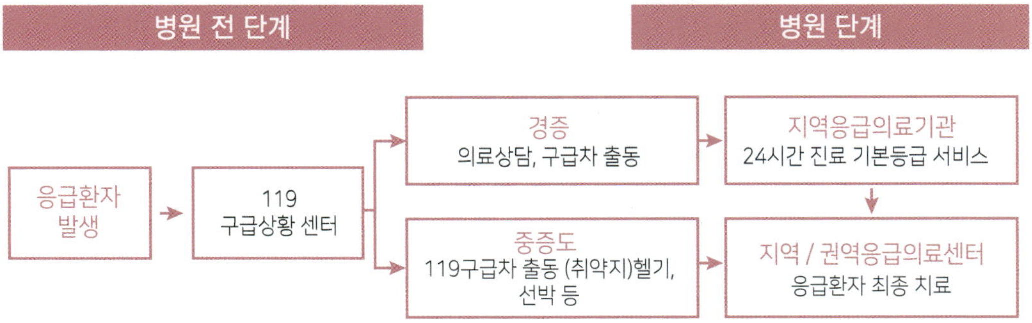

응급의료체계는 지역마다 응급상황 발생 시 효과적이고 신속하게 의료를 제공하기 위해서 인력, 시설, 장비를 유기적으로 운용할 수 있도록 배치되어 있다. 응급환자가 발생하면 병원 전 단계에서는 적절한 처치를 시행하고 신속하게 치료 가능한 병원으로 이송한다. 이처럼 짧은 시간에 최상의 응급의료 서비스를 제공하기 위해서는 현장출동 및 처치팀(119 구급대)과 병원 응급의료팀 간의 유기적인 협력체계 구축이 필수적이다.

2. 외과응급 응급처치

1) 출혈

(1) 출혈이란?

· 혈액이 동맥, 정맥, 모세혈관으로부터 외부로 유출되는 것을 의미하며, 부위에 따라 외부 및 내부 출혈로 구분된다.

· 정상 성인은 체중의 6~7%, 즉 70mL/kg 에 해당되는 혈액을 보유하고 있다. 전체 혈액량의 10% 이상 출혈하게 되면 위험하며, 특히 영아는 25~30mL, 소아는 200~300mL 정도의 소실로도 쇼크에 빠질 수 있다.

(2) 출혈의 종류

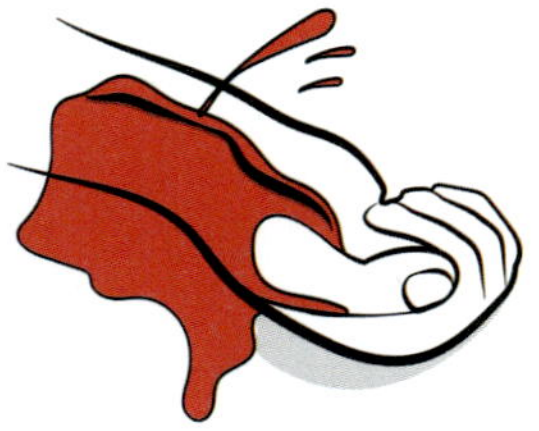

① 동맥 출혈

맥박이 뛰면서 뿜듯이 쏟아내는 출혈 양상을 보인다. 비교적 선홍색의 혈액이 배출되며, 혈압이 높으므로 정맥성 출혈에 비하여 출혈속도가 더 빠르고 지혈하기 위해서는 더 강한 압박이 필요하다.

② 정맥 출혈

맥박과 상관없이 흐르는 양상의 출혈을 보인다. 상대적으로 검붉은 색의 혈액이 배출된다.

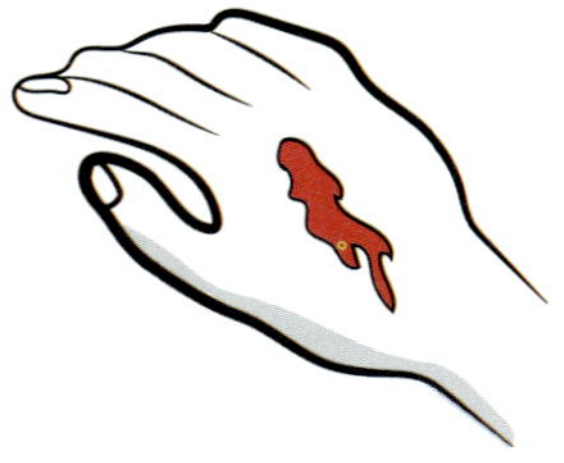

③ 모세혈관 출혈

혈관 중 가장 말단 부위인 모세혈관으로부터 조금씩 나오는 출혈 형태이다. 대부분은 증세가 심각하지 않으며 지혈이 용이하고 쉽게 응고된다.

2) 상처

(1) 상처란?

정상적인 피부구조가 외부 자극에 의해 파괴되는 것을 말한다.

(2) 상처의 유형

① 찰과상(긁힌 상처)

긁힌 상처를 말하며, 가장 경미한 상처로 피부의 표피층만 다친 경우이다. 출혈은 심하지 않으나 염증을 유발하여 세균에 감염되기 쉽다.

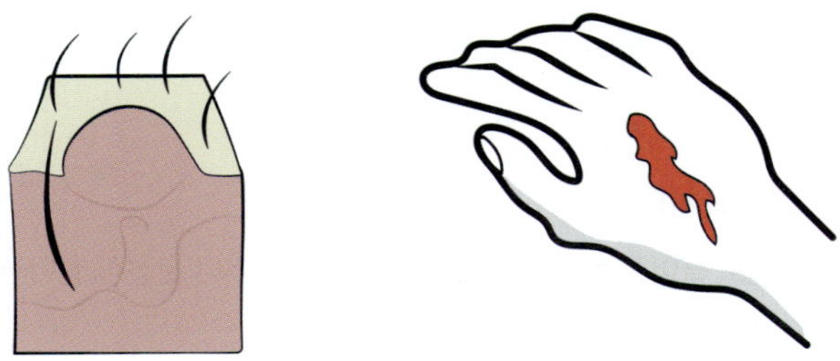

ABRASION

② 열상(찢겨진 상처)

짓눌리거나 마찰에 의해 피부가 심하게 찢겨진 상처를 말한다. 칼이나 유리조각 등으로 베여서 생길 수 있으며, 때로는 둔탁한 물체에 부딪혀 파일 수 있다. 보통 출혈이 심하며 신경 또는 건의 손상을 동반할 수 있다.

LACERATION

③ 자상(찔린 상처)

못, 바늘, 철사, 칼 등에 찔린 상처를 말한다. 주로 상처가 깊고 좁기 때문에 피부의 내부 조직에까지 상처가 생긴다. 자상의 상처 부위는 작아 보이지만 감염의 위험은 매우 높다. 만일 이물질이 꽂혀 있다면 현장에서 절대로 제거해선 안 된다.

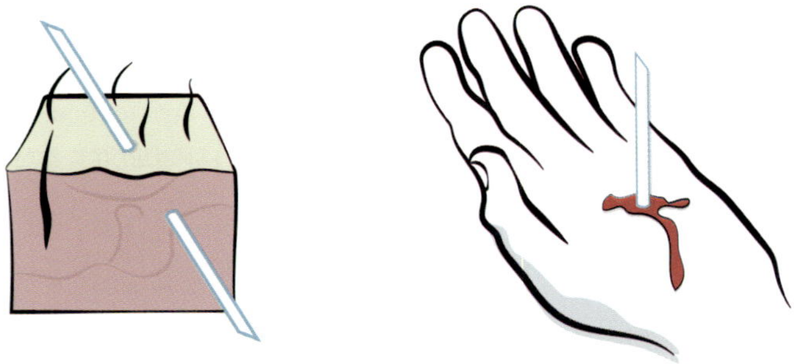

PUNCTURE

④ 결출상(심하게 벗겨진 상처)

살이 찢겨져 떨어진 상태로 늘어진 살점이 상처 부위에 붙어 있거나 완전히 떨어져 나가는 상처를 말한다. 이런 경우 출혈이 심하고 감염의 확률도 매우 높다.

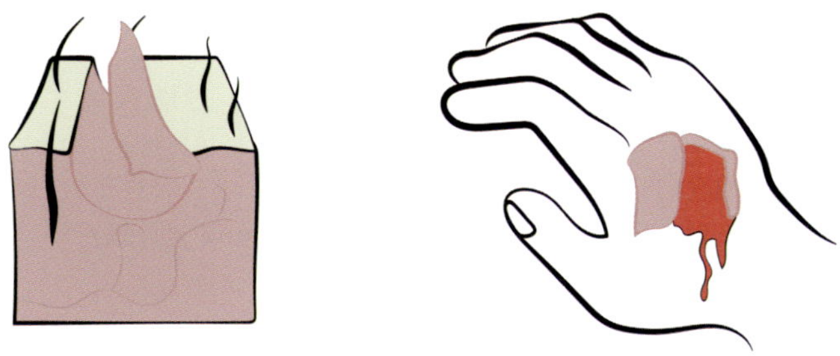

AVULSION

⑤ 절단(잘려서 분리된 상처)

손가락, 발가락, 손, 발, 팔, 다리와 같은 신체 부위가 잘려나간 경우를 말한다. 출혈이 매우 심하며 근골격, 신경과 혈관의 손상을 동반한다.

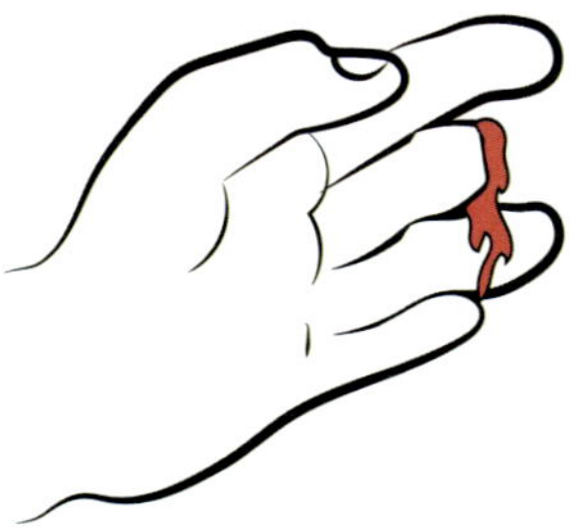

AMPUTATION

(3) 상처치유 과정

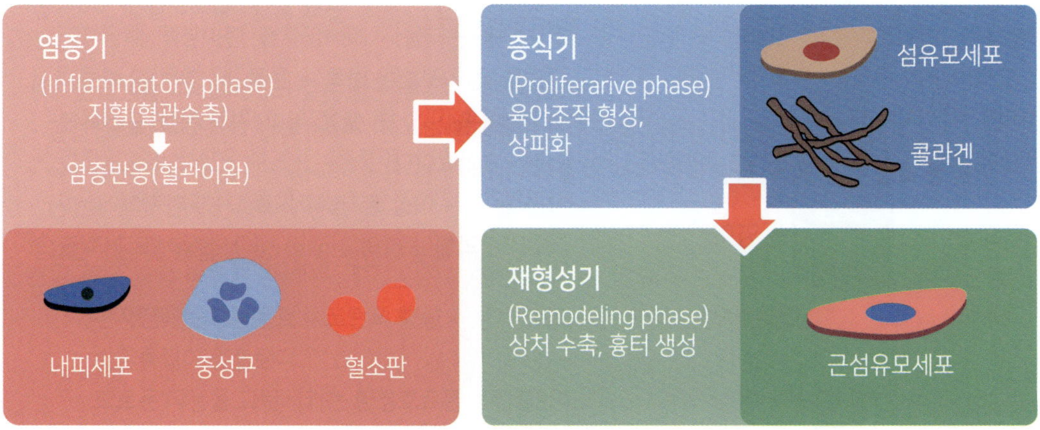

① 염증기

상처가 나서 파괴된 조직, 죽은 조직과 이물질 등을 제거하는 과정으로 치료에 많은 영향을 주는 가장 중요한 단계이다. 상처 정도에 따라 출혈이 일어나면서 혈관이 수축하고 혈소판이 나와 피를 멈추게 하고 딱지를 형성한다.

② 증식기

상처가 난 주변부로부터 혈관이 새로 자라고 육아조직이 새로운 결합조직을 만드는 단계이다. 피부의 상피가 세포분열을 하여 상처를 덮는 과정이며, 이 단계는 상처의 반흔(흉터)이 솟아오르기 시작하는 시기이다.

③ 성숙기

상처 치유 과정 중 가장 긴 단계이다. 콜라겐 섬유의 합성과 퇴화가 일어나면서 염증세포가 사라지며 원래의 피부조직에 가깝게 성숙되는 과정이다.

(4) 소독의 목적

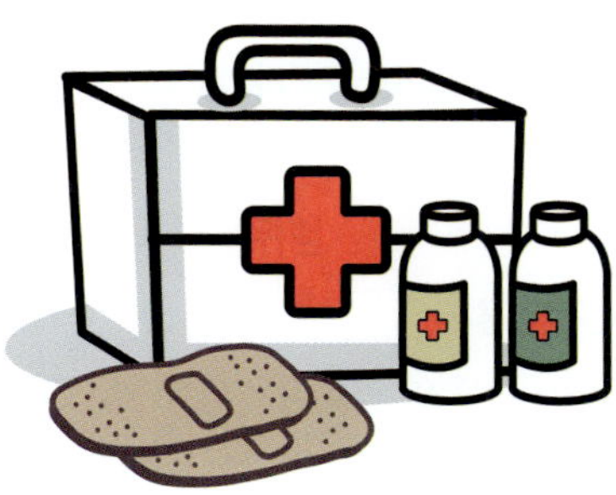

① 감염 및 오염을 방지한다
(상처나 화상에 병균이 들어가는 것을 막는다).

②출혈을 방지한다
(지혈 = 피가 흘러나오는 것을 억누른다).

③ 혈액과 상처 부위의 분비물을 흡수한다.

④ 상처가 악화되지 않도록 보호하는 역할을 한다.

⑤ 적절한 압력을 가하기 위함이다.

(5) 소독제제의 종류

① 포비돈 요오드

- 정상세포 손상률이 아주 적고 오랜기간 사용해도 내성이 없어 찢긴 상처, 궤양, 농양, 창상 등 살균소독에 아주 효과적이다.
- 갑상선 기능 이상 환자나 신기능 저하 환자에게는 사용시 주의해야 하며 신생아 탯줄 소독에도 부적절하다.

② 과산화수소

- 상처 부위에만 사용 가능하며, 정상세포 손상이 크고 심한 통증을 야기한다.
- 응고된 피를 닦는데 효과적이다.
- 딱지가 있거나 농으로 덮인 상처는 효과가 적다.

③ 알코올

- 세균에 대한 살균력이 우수하다.
- 손소독이나 피부소독 등에 좋다.
- 피부에 이물질이 있다면 효과가 덜하고 상처에 심한 통증을 유발하며 피부를 마르게 한다.
- 상처 부위 사용 시 엄청 따갑고 정상세포를 많이 파괴하여, 상처 회복 속도를 더디게 한다.

※ 포비돈 요오드 사용 시 주의점

- 소독약의 막대로 바르지 마라!
  막대로 소독을 하게 되면 막대에 감염의 위험이 있으므로 한 개의 막대로 여러 상처를 소독하지 않는다. 면봉을 사용하거나 작은 용기에 사용할 만큼만 덜어서 사용하는 것이 좋다.

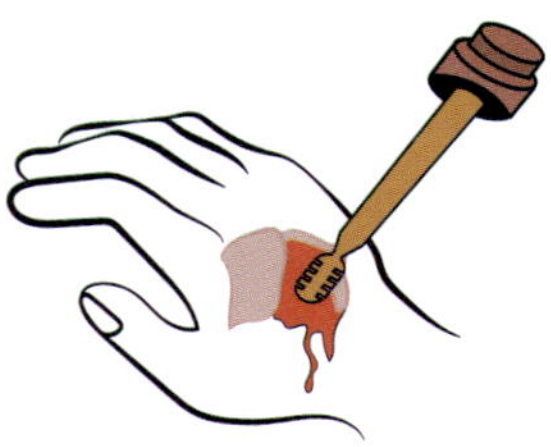

- 상처에 직접 닿는 건 금물!
  포비돈 요오드 용액을 상처에 바를 경우 피부손상, 2차 감염 발생위험이 크다. 그러나 최근에는 희석된 포비돈 요오드 용액 같은 경우 피부 손상정도가 수돗물과 증류수만큼 손상률이 낮다는 의견도 나오고 있다.

(6) 소독 후 사용제제

① 커버 드레싱 : 하이드로콜로이드

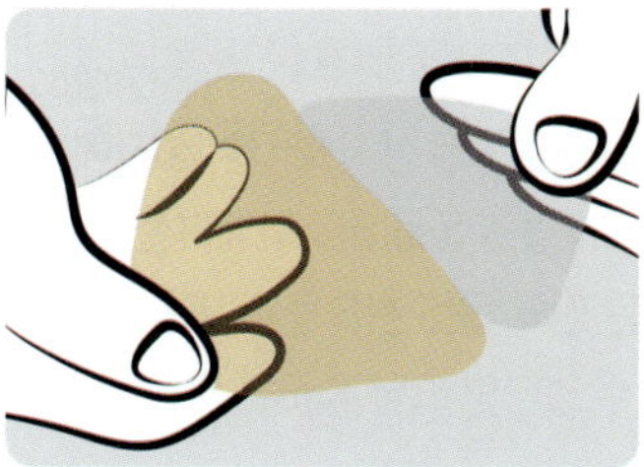

㉠ 특징

- 폐쇄성 혹은 반폐쇄성
- 접착성
- 흡수성 : 매우 다양함
- 일차 혹은 이차 드레싱으로 사용 가능

㉡ 적응증

- 부분층에서 전층 피부손상까지
- 소량에서 중 정도의 분비물
- 피부이식 공여부, 2도 화상

㉢ 금기

- 감염상처, 특히 혐기성균
- 삼출물이 과도한 상처

---

② 흡수 드레싱 : 폼

㉠ 특징

- Polyurethane(폴리우레탄)
- 삼출물 흡수에 유익
- 상처의 심부 온도를 올려서 효소 활동 자극
- 보호와 쿠션 제공

㉡ 적응증

- 과량의 삼출물이 있는 상처
- 손상되기 쉬운 상처 주변 피부

---

③ 상처 종류별 적합한 연고

항생제 성분

VS

상처치유 성분

㉠ 항생제 성분(퓨시드산)은 세균을 죽이는 역할이 아닌 억제하는 역할을 한다. 1차로 소독 후에 세균 번식을 막기 위해 후시딘을 바른다. 피부 침투력이 좋아 딱지 위에 발라도 효과적이다.

㉡ 상처치유 성분은 상처 재생이 주 목적이다. 연고와 분말은 항생제 성분이 없지만 상처 부위에 새살이 빠르게 돋도록 하는 역할을 한다. 후시딘과 달리 2차적으로 세균 감염 발생을 막는다. 복합마데카솔은 스테로이드 성분이 소량 함유되어 있다.

(7) 응급처치

① 세척하기

지혈이 되면 흐르는 수돗물에 상처를 씻어 상처에 묻어 있는 흙이나 기타 오염물질들을 최소화해야 한다. 수돗물이 없을 경우에는 판매하는 생수 등을 사용하고, 적절한 세척액을 구할 수 없다면 그냥 깨끗한 마른 수건으로 덮는다.

② 지혈하기

출혈 부위는 소독 거즈나 깨끗한 수건을 이용하여 직접 압박한다. 필요시 동맥점 압박을 한다.

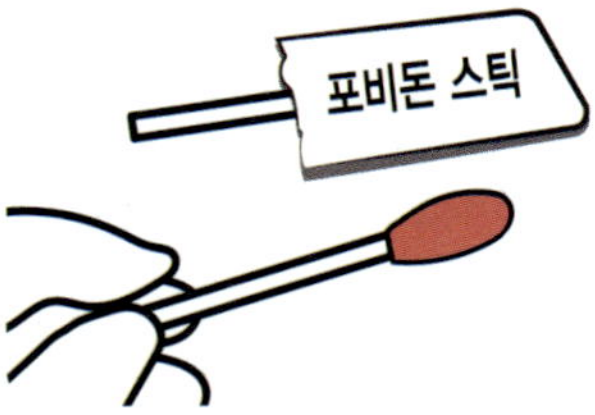

③ 소독하기

포비돈 스틱으로 상처부위를 소독한다.
소독된 부위는 습윤 거즈 또는 폼 제제로 덮는다.

④ 붕대감기

상처 부위별 적당한 붕대를 선택한 후 고정한다.

(8) 절단물 보관법

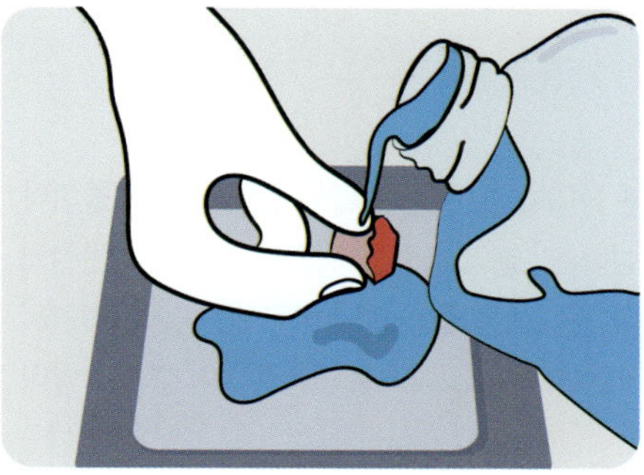

① 세척하기

절단 부위를 흐르는 깨끗한 물에 가볍게 씻어 낸다.

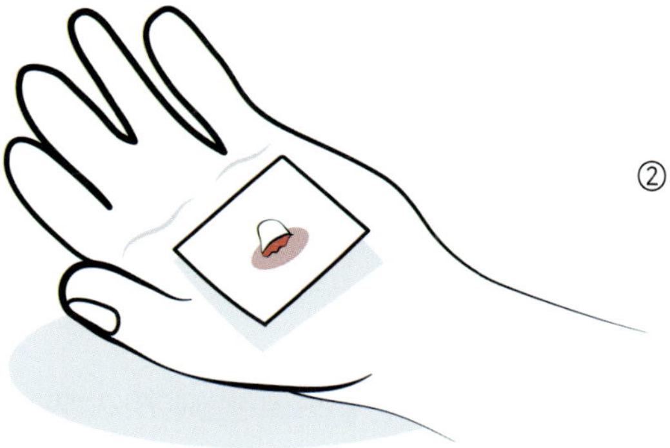

② 젖은 거즈에 싸기

절단 부위를 가능하면 젖은 거즈를 사용하여 싼다.

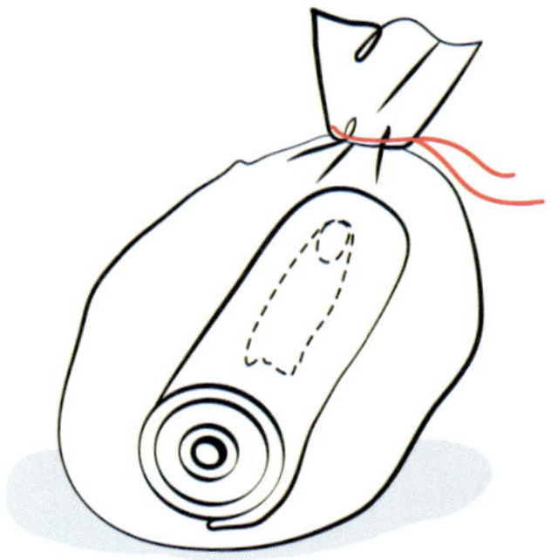

③ 방수시키기

절단된 부위를 젖은 거즈에 싼 후 비닐 봉지나 방수 용기(컵이나 유리병)에 담는다.

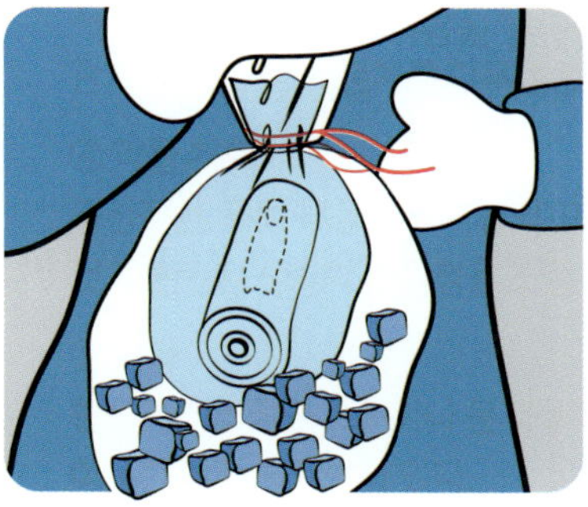

④ 차게 해서 옮기기

더 큰 용기에 물을 충분히 담고, 얼음을 여러 개 띄워 차갑게 만든 후 절단물이 든 방수 용기를 넣는다. 절단 부위를 차게 보관하지 못하고 6시간이 경과하면 살릴 가능성이 희박해진다. 효과적으로 차게 보관할 경우 최장 18시간까지 보존이 가능하다.

3) 근골격계 손상

(1) 염좌(관절이 삐었을 때)

① 염좌란?

염좌는 과도한 운동이나 심한 근육 활동 등에 의해 힘줄이나 기타 조직이 심하게 늘어나거나 뒤틀려서 생긴 관절의 부상이다. 손상과 동시에 관절을 움직이면 통증을 느끼면서 아프고 붓기 시작한다. 다친 조직에서 반상출혈이 생겨 색깔이 변할 수 있다.

② 응급처치

㉠ 안정(Rest)

통증이 발생하면 움직임을 제한하고 휴식을 취해주는 치료가 우선이다. 심각한 손상이 아닌 일시적인 증상이라면 충분한 휴식만으로 통증이 감소할 수 있다.

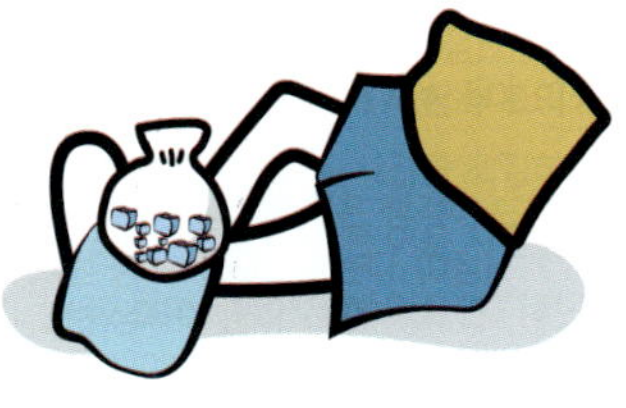

㉡ 냉찜질(Ice)

부종과 염증반응을 감소시켜주는 방법으로 한번에 20~30분간, 하루 3~4회 정도로 시행해 주는 것이 좋다. 얼음을 직접적으로 피부에 대고 찜질을 할 경우는 동상에 걸릴 수 있으므로 반드시 수건이나 팩을 사용해야 한다.

㉢ 압박(Compression)

손상 부위에 붕대를 이용해 압박시켜주면 부종을 감소시키는데 도움이 된다. 그러나 압박을 심하게 할 경우 혈액순환 장애가 발생할 수 있으므로 20~30분 간격으로 붕대를 풀었다가 다시 감아주는 것을 반복하는 것이 좋다.

㉣ 거상(Elevation)

부상 부위가 심장보다 아래쪽에 있을 경우 중력의 효과로 인하여 부종이 점점 심해질 수 있다. 가능하면 앉아있을 때나 누워있을 때 다리를 심장보다 높은 곳에 놓고 휴식을 취해주면 부종을 감소시킬 수 있다.

(2) 탈구(관절이 빠질 때)

① 탈구란?

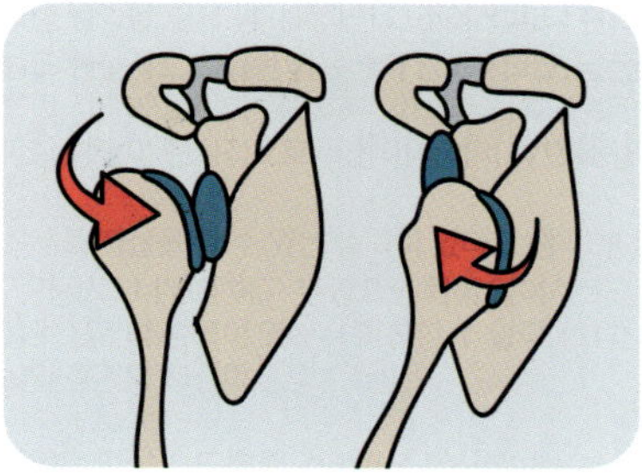

탈구는 관절이 제자리에서 벗어난 상태, 즉 빠진 상태를 말하며, 어깨, 팔꿈치, 손가락, 엉덩이, 무릎, 발목 등에서 잘 발생한다. 탈구가 되면 인대, 혈관, 건, 신경 등 역시 손상을 입을 수 있으며, 가장 중요한 특징은 변형이다.

② 응급처치

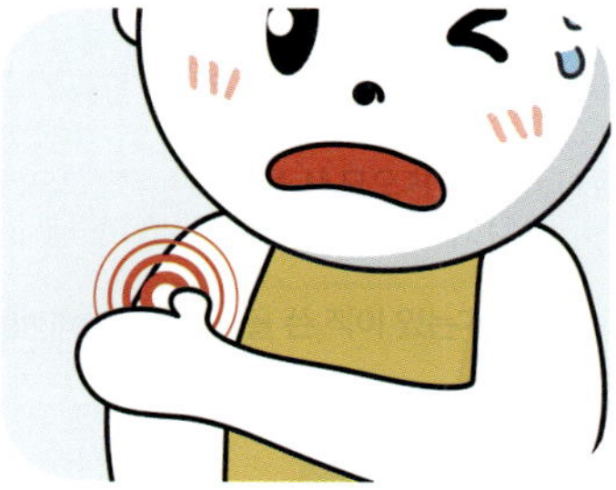

㉠ 119에 신고한다.
㉡ 탈구된 상태 그대로 유지 · 고정해 준다.
㉢ 통증 완화를 위해 냉찜질을 해준다.

(3) 골절 (뼈가 부러졌을 때)

① 골절이란?

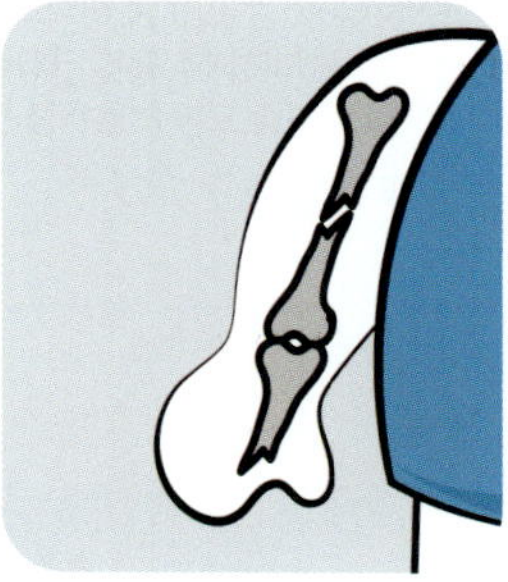

㉠ 폐쇄성 골절

골절 부위의 피부와 연부조직에 전혀 상처가 없는 경우를 말하며, 개방성 골절로 진행할 수 있으므로 주의한다.

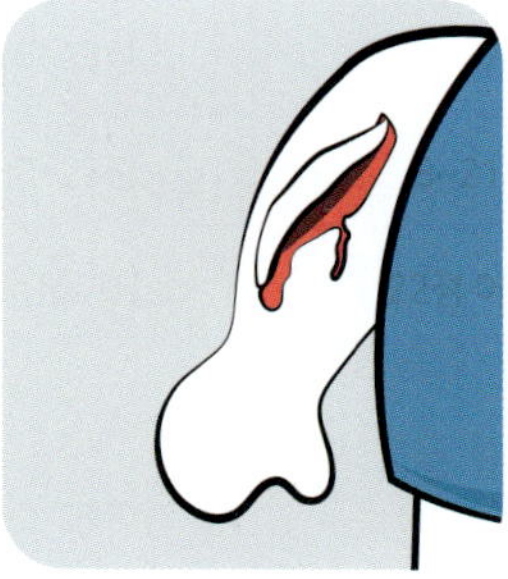

㉡ 개방성 골절

골절 부위를 덮고 있는 피부가 찢겨져 뼈가 피부 밖으로 빠져 나온 경우를 말한다. 대부분의 경우 혈관이 손상되고 심한 출혈이 동반된다.

② 증상

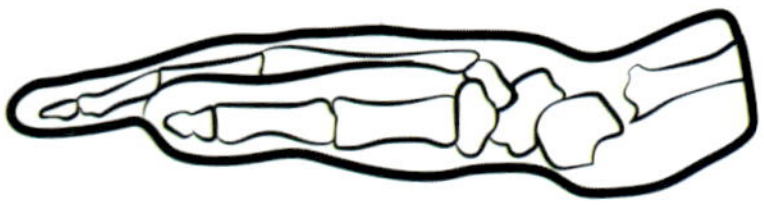

㉠ 변형

골절 부위가 본래의 상태에 위치하지 않거나 골격 길이의 단축이 있는 경우를 말하며, 다치지 않은 쪽과 비교하여 확인이 가능하다.

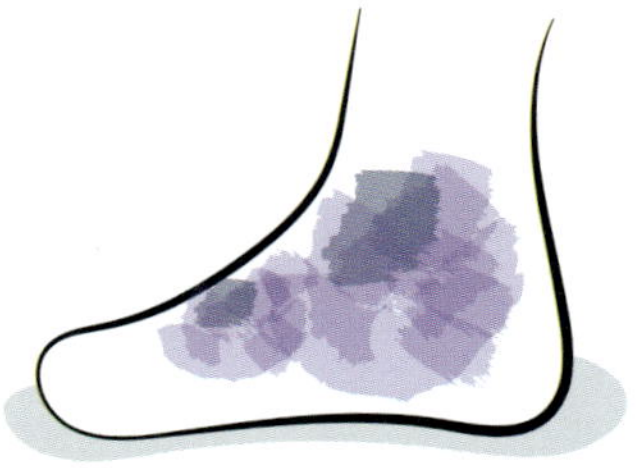

㉡ 부종

골절 부위가 붓는 것을 말한다.

㉢ 운동제한

다친 쪽을 움직일 수 없다. 움직일 때 아프면 환자는 방어 자세를 취한다.

㉣ 압통

골절 부위를 누르면 심한 통증을 호소한다.

③ 응급처치

㉠ 119에 신고한다.
㉡ 골절 부위 확인 후 적당한 부목을 적용한다.
㉢ 붕대를 이용해 부목을 고정한다.
㉣ 부목 고정 후 순환 상태를 확인한다.

(4) 붕대 사용법

① 붕대 종류 및 사용 목적

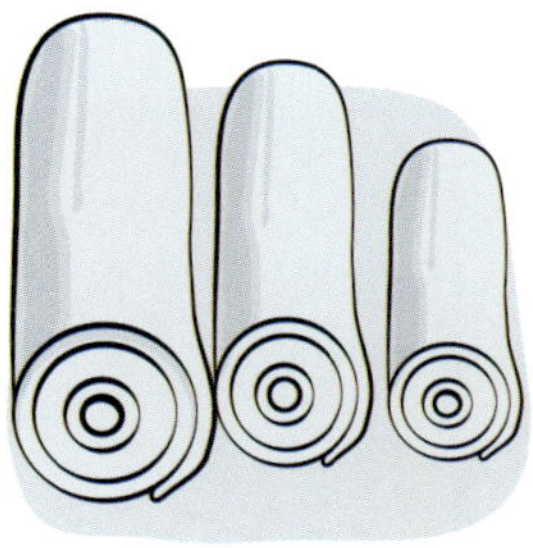

㉠ 두루마리 붕대

㉡ 삼각건

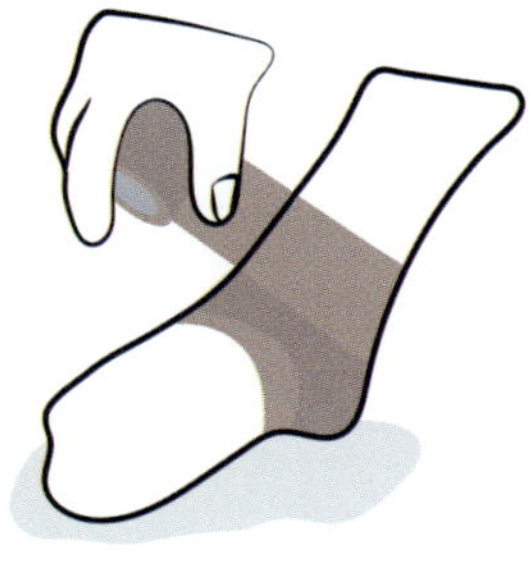

㉢ 탄력 붕대

붕대는 개방성 상처를 덮은 드레싱을 고정하고, 드레싱 위로 직접 압박하여 지혈한다. 이렇게 압박을 해주면 다친 부위가 붓는 것을 막을 수 있고 팔·다리나 관절을 고정해줄 수도 있다.

② 붕대 감는법

㉠ 팔꿈치에 붕대 감기

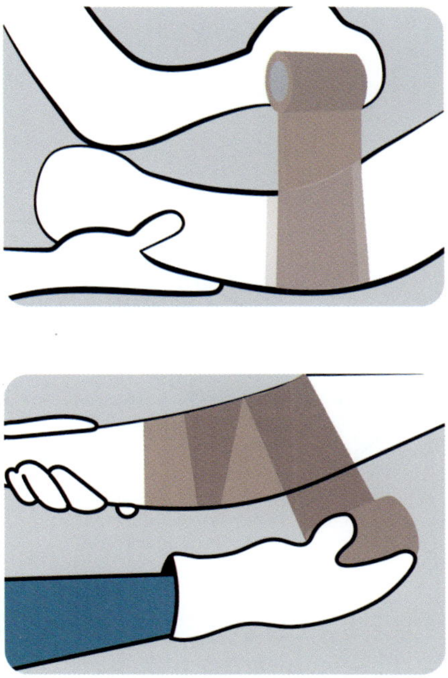

㉡ 발목에 붕대 감기

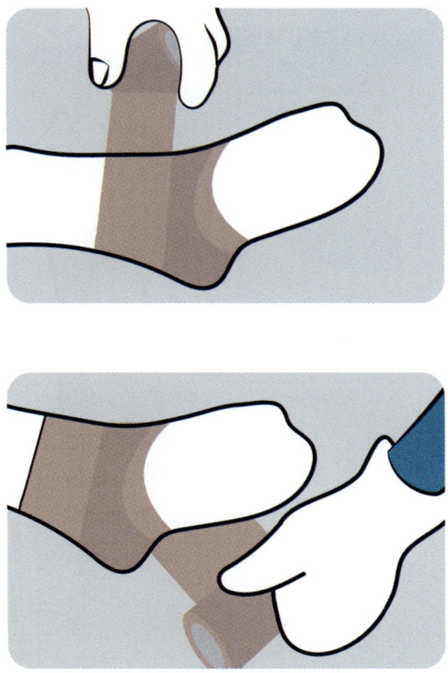

붕대는 폭, 길이 소재가 다양하여 신체 부위에 따라 다른 너비를 사용하는 것이 효과적이며 바람직하다. 환행대는 붕대법의 가장 기본이며, 같은 자리에서 여러 번 되감는 형식이다. 붕대를 감고나면 말초 혈액순환 유무를 자주 점검해야 된다.

(5) 부목 사용법

① 부목 종류 및 적용 목적

부목은 사지의 탈구, 염좌, 골절 등 손상된 부위를 고정시키는 장치이다. 부목의 궁극적인 목적은 통증의 최소화, 2차적 손상을 방지하기 위함이다.

② 손목 부목 적용법

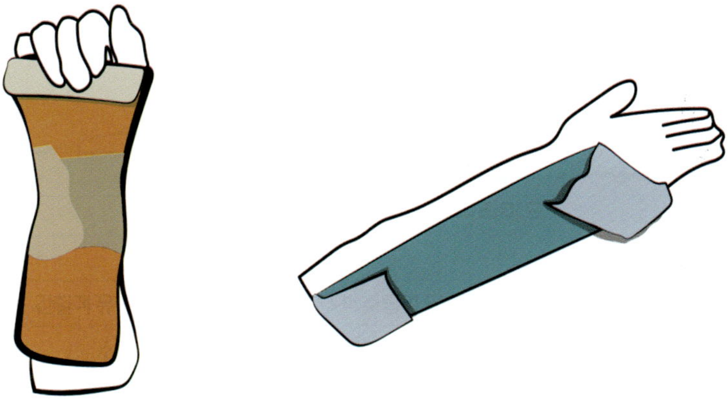

손목 부목은 관절과 인대 손상, 손목 관절의 염좌, 전완부 골절과 손상 등에서 적용한다. 부목의 위치는 중립위로 하는 것이 원칙이나, 골절과 인대의 손상부위에 따라 굴곡 또는 신전이 필요한 경우도 있다.

㉠ 팔꿈치관절과 손가락뼈는 움직일 수 있도록 하며 손목 관절은 약 15° 배굴시킨다.

㉡ 상처가 없을 경우는 보통 손바닥 쪽에 대어 준다.

3. 내과응급 응급처치

1) 뇌졸중(Stroke)

(1) 뇌졸중이란?

뇌에 혈액을 공급하는 혈관이 막히거나 터져서 뇌 손상이 오고 그에 따른 신체장애가 나타나는 질환이다.

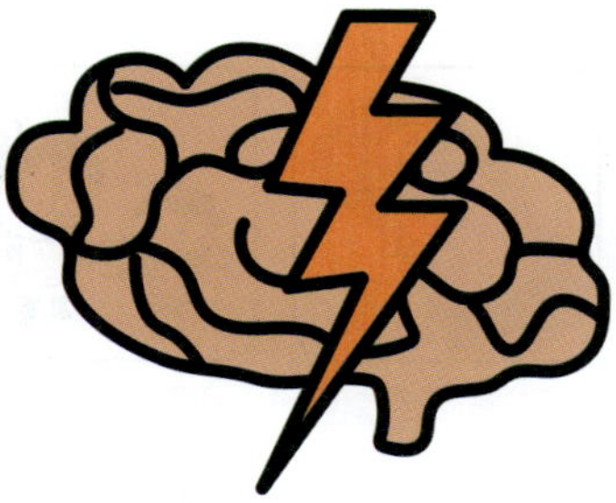

(2) 분류

뇌졸중은 크게 허혈성 뇌졸중과 출혈성 뇌졸중으로 나눌 수 있다. 전체 뇌졸중 환자의 76%는 허혈성 뇌경색 환자인 것으로 나타났다.

허혈성 뇌졸중(76%)	출혈성 뇌졸중(24%)
① 뇌혈전증(cerebral thrombosis): 목동맥이 둘로 갈라지는 분기점이나 뇌 안에 있는 혈관들에서 혈전이 생겨 그 부위 막히는 경우 ② 뇌색전증(cerebral embolism): 심장 또는 심장에 가까운 큰 혈관에서 혈전이 발생할 수 있으며, 이것이 떨어져 나와 뇌의 혈관을 막는 경우	① 뇌내출혈(15%): 갑자기 뇌혈관이 터지면서 뇌안에 피가 고이는 병을 의미하며, 주로 고혈압에 의해 발생 ② 지주막하출혈(9%): 뇌동맥류가 터지면서 뇌를 싸고 있는 지주막 밑에 피가 고이는 병
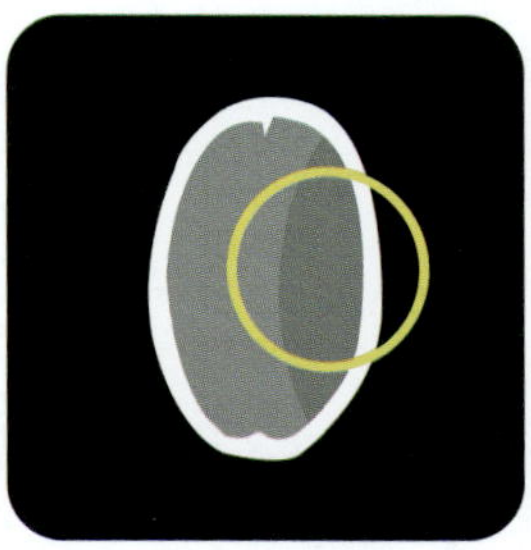 뇌경색 CT사진 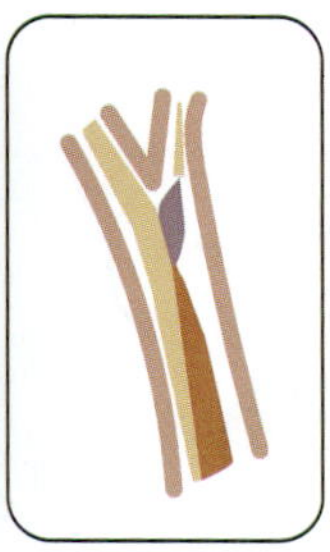 뇌경색	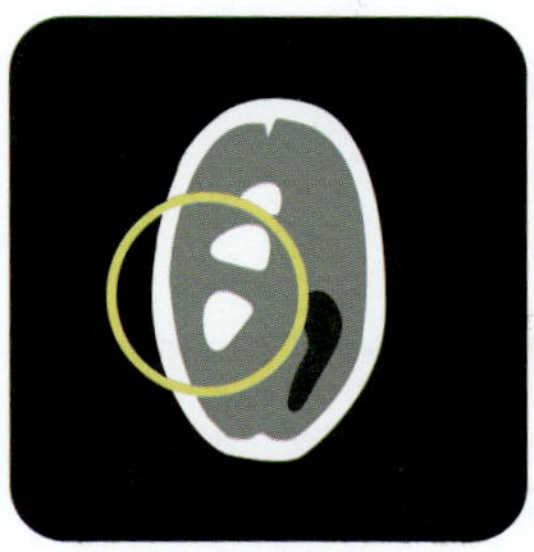 뇌출혈 CT사진  뇌출혈

출처: 대한뇌졸중학회

(3) 주요원인

고혈압

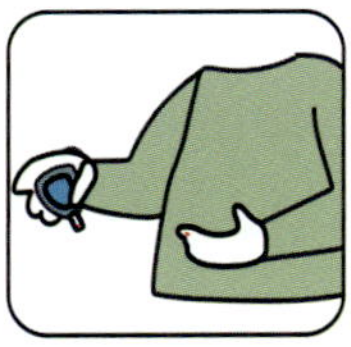
당뇨

심장질환

음주

남성

흡연

고지혈증

유전

고연령

뇌졸중의 대표적인 원인은 고혈압이며, 심장에 흐르는 피에 이상이 생기거나 콜레스테롤 수치가 높은 것도 뇌졸중의 원인에 해당된다. 45세 미만 젊은 층에서 발병한 45%는 흡연에 의해 발병한 것으로 나타났고, 그 외에는 비만이 주요한 원인으로 지적되고 있다. 50~70대 사이 중장년층의 경우 고혈압 및 당뇨와 같은 만성질환에 의해 발생하는 경우가 많으며, 75세 이상 노년층의 경우 심방세동(심장이 불규칙적으로 뛰는 질환)에 의해 발병하는 경우가 많다.

(4) 증상

얼굴마비	사지마비	언어장애	의식장애	감각장애
얼굴의 한쪽이 반대쪽에 비하여 움직이지 않는 경우	한쪽 팔만을 들지 못하거나, 양쪽 모두 움직이지 못하는 경우	단어를 말할 때 어눌하거나, 다른 단어를 말하는 경우, 환자가 말을 할 수 없는 경우	의식의 기능이 떨어지거나 소실되어 자기 자신이나 주변 인지를 못하는 경우	뇌기능에 문제가 생긴 반대쪽 팔다리, 몸통, 얼굴 등의 감각이 소실되거나 이상이 발생

(5) 응급처치

① 신고! 신고! 신고! 응급환자는 시간 다툼이다. 첫 번째로 항상 신고를 해서 119가 빨리 오도록 한다.
② 환자가 토할 경우 고개를 옆으로 눕혀 토사물이 밖으로 흘러나오도록 한다(회복 자세).
③ 몸을 조이는 옷, 벨트 등은 느슨하게 풀어준다.
④ 약이나 음식물을 주지 않는다.
⑤ 경련을 일으킬 것을 대비해 주위의 위험 물질을 치운다.
⑥ 효과가 없는 단방약을 사용하거나 약국, 한의원, 개인병원에서 시간을 낭비하지 않는다.

※ "F.A.S.T를 기억하세요"

- F : Face, 얼굴마비. 웃었을 때 얼굴의 좌우 모양이 다른가요?
- A : Arms, 팔다리마비. 한쪽 팔과 다리의 힘이 약하거나 쳐지나요?
- S : Speech, 언어장애. 발음이 어눌하고 대화를 잘 이어가지 못하나요?
- T : Time, 신속한 응급치료. 한 가지 증상이라도 의심된다면, 즉시 119에 신고해요.

(6) 예방법

① 꾸준한 운동을 통해 적절한 체중 관리를 한다.
② 뇌졸중의 고위험 인자인 혈압, 고지혈증, 당뇨를 잘 관리한다.
③ 금연, 금주를 한다.
④ 건강한 식습관이 도움이 된다.

2) 급성심근경색증(Acute myocardial infarction)

(1) 심장의 구조

심장은 보통 어른 주먹만한 크기(약 300g)의 강한 근육으로 된 펌프로써 피를 전신에 순환시켜 산소와 양양소를 공급하고 몸에서 생긴 이산화탄소와 노폐물을 거두어 들여서 우리의 생명을 유지하는데 가장 중요한 역할을 한다. 심장은 2개의 심방(우심방, 좌심방), 2개의 심실(우심실, 좌심실), 4개의 판막, 관상동맥 등으로 구성되어 있다. 좌심실이 수축하면 전신 동맥에 혈액이 순환하여 신체의 기능과 활동을 유지시키는데 필요한 산소와 영양분이 공급된다.

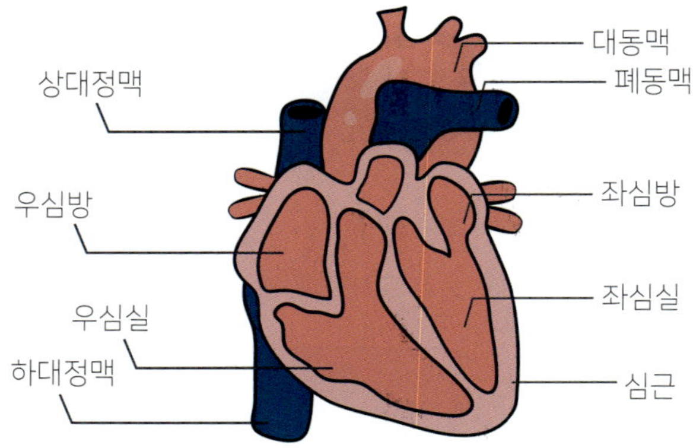

(2) 급성심근경색이란?

심장에 피를 공급하는 혈관으로 사슴의 뿔처럼 생겼다 해서 관상동맥이라고 한다. 급성심근경색은 관상동맥이 완전히 막혀서 혈액이 통하지 않아 심장 근육이 죽어가는 질환을 의미한다.

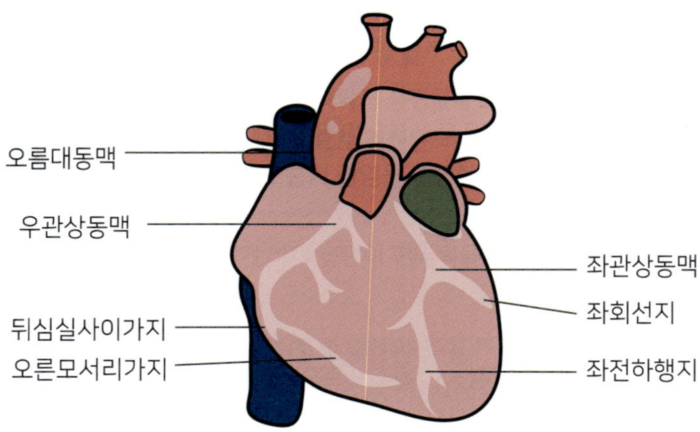

(3) 협심증과 급성심근경색증의 차이

협심증	급성심근경색증
관상동맥 협착으로 인한 심근허혈로 무산소 대사가 일어난 결과로 생긴 가슴 통증 ① 안정형 협심증 : 남자에서 빈발하고 운동, 식사, 감정적 스트레스 등으로 심장근육의 산소요구량이 많아질 때 가슴 통증이 생긴다. 통증은 가슴뼈 뒤에서 쥐어짜는 듯한 양상을 보이고, 휴식(5분)을 취하거나 니트로글리세린을 투여하면 통증이 사라진다. ② 불안정형 협심증 : 최근(2개월 내) 생긴 협심증으로 흉통이 심하거나 빈번할 때, 안정형 협심증 환자에서 가슴 통증이 더 심해지거나, 빈번해지거나, 통증기간이 길어질 때, 전보다 더 적은 운동에도 가슴 통증이 생길 때, 안정 시에도 가슴 통증이 생길 때 ③ 이형성 협심증 : 운동, 스트레스에 연관되지 않고 전적으로 안정 시에 증상이 생기는 상태	보통 죽상 동맥경화로 인해 협착이 일어난 관상동맥에 갑자기 혈전이 생기면서 심장근육으로 가는 혈류가 완전히 차단되어 발생하며 휴식을 취하더라도 가슴 통증이 사라지지 않는다.
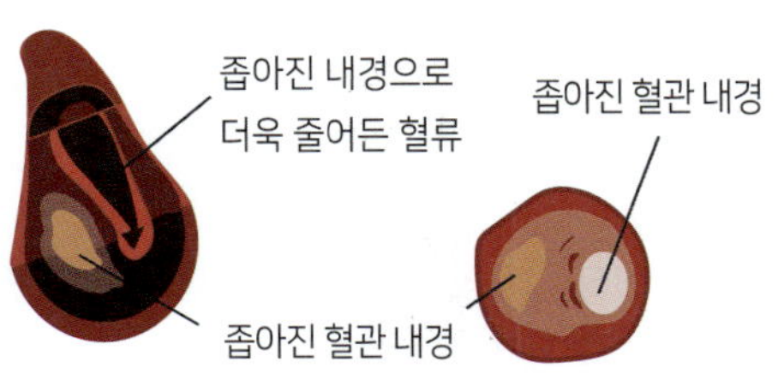	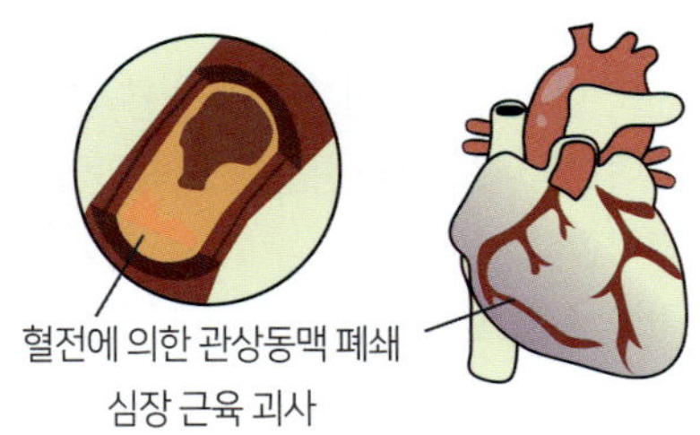

(4) 증상

① 가슴에 압박과 통증: 가슴을 쥐어짜거나 짓누르는 듯한 참을 수 없는 가슴 통증이 가슴 정중앙 부위에서 느껴지며 어깨나 팔로 퍼질 수 있다. 적절한 치료가 이루어지지 않으면 30분 이상 지속된다.
② 호흡곤란과 맥박 이상을 보인다.
③ 구토, 위통, 식욕부진 등이 동반될 수 있다.
④ 식은땀이 나고 온몸에 힘이 빠질 수 있다.

(5) 진단

① 1단계: 문진, 이학적 검사를 실시한다.
② 2단계: 심전도, 흉부 단순 촬영, 혈액검사를 실시한다.
③ 3단계: 상황에 따라 심장초음파검사, 관상동맥조영술, 심장 CT 등을 실행한다.

(6) 응급처치

① 가능하면 움직이지 말고 119가 올 때까지 안정을 취한다.
② 혀 밑에 넣는 작은 알약인 니트로글리세린을 환자가 가지고 있으면 즉시 혀 밑으로 녹여 먹는다(분사용 니트로글리세린도 가능).
③ 만약 협심증이 있던 환자에서 통증이 발생하여 니트로글리세린을 혀 밑에 5분 간격으로 3회까지 투여했음에도 가슴 통증이 지속되면 심근경색증일 가능성이 높으므로 망설이지 않고 119에 연락한다.
④ 가슴 통증 발생 후 전문적인 치료를 받는 시간이 짧으면 짧을수록 심장근육의 괴사를 막을 수 있고 회복된다. 발병 6시간 이내에 병원에 방문해야 심장근육의 괴사를 막을 수 있고 늦어도 12시간 안에 병원에 방문해야 심장근육이 완전히 죽는 것을 방지할 수 있다(심근 괴사 예방시간 = 6시간 이내).
⑤ 효과가 없는 단방약을 사용하거나 약국, 한의원, 개인병원에서 시간을 낭비하지 않는다.

(7) 예방법

급성심근경색증 예방법은 위험인자를 줄이는 것이다.
① 동맥경화증 위험요인인 흡연, 고혈압, 당뇨병, 고지혈증 등을 잘 관리한다.
② 규칙적인 운동으로 적절한 체중을 유지한다.
③ 금연, 금주를 한다.
④ 콜레스테롤이 많은 식품은 조절한다.

3) 급성 호흡곤란

(1) 급성 호흡곤란을 일으키는 폐질환

① 천식(Asthma)이란?

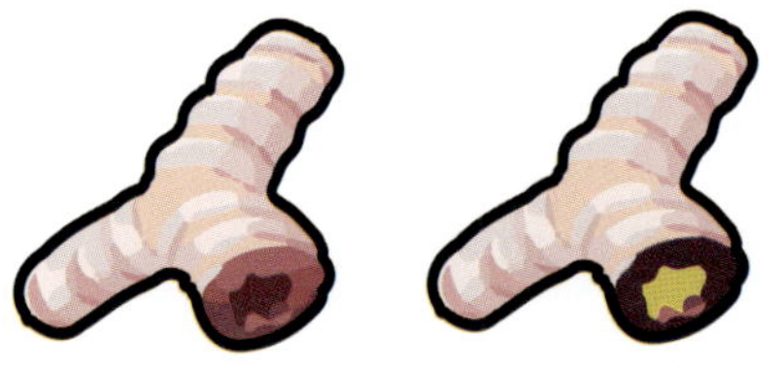

천식은 알레르기 염증에 의해 기관지가 반복적으로 좁아지는 만성 호흡기질환이다. 기관지가 좁아져 숨이 차고, 기침이 나며, 가슴에서 색색거리는 소리가 들리며, 가슴이 답답해지는 증상이 반복적으로 되풀이 된다. 우리나라 성인 인구의 5% 정도가 천식을 앓는 것으로 알려져 있으며, 최근 전 세계적으로 환자 수가 증가하고 있는 추세이다.

㉠ 분류

외인성 천식	알레르기성 천식이라고 하며, 주로 어린이와 젊은 사람에서 많이 나타난다. 원인 물질에 노출된 후에 천명음, 호흡곤란, 그 외 다른 호흡기 장애 증상과 함께 발작적인 기관지경련이 나타나는 것이 특징이다.
내인성 천식 (비아토피성 천식)	주로 40세 이후에 발생한다. 면역학적 원인이 뚜렷하지 않고 호흡기 감염이 원인이 되며, 특발성 또는 감염성 천식이라고 불린다. 객담의 양이 많고 농성으로 나타나며 기침이 심하게 나타난다.
혼합형 천식	외인성 천식과 내인성 천식이 혼합되어 발생하며, 실제 천식 환자들 중에 가장 많은 경우이다.
운동유발성 천식	운동에 의해 유발되는 천식으로 대게 마라톤을 오래한 사람이나 이른 새벽에 조깅을 오래한 경우 많이 나타난다.
기침 이형 천식	기침만 있고 쌕쌕거리는 천명음이나 호흡곤란이 생기지 않는 천식이다. 주로 밤사이에 가래가 없는 마른기침의 형태로 나타나는 것이 특징이며, 증상이 단지 기침만 하기 때문에 천식인지 모르고 단순히 감기 치료만 계속하는 경우가 많다.

② 만성폐쇄성 폐질환(COPD)이란?

만성폐쇄성 폐질환은 만성 염증에 의한 기도와 폐실질의 손상으로 인한 회복 불가능한 기류 제한을 특징으로 한 질병이다. 유병률이 높으며 일반적으로 계속 진행되고 급성악화가 자주 발생하는 질병이다.

㉠ 분류

폐기종(Emphysema)	만성 기관지염(Chronic bronchitis)
말초기도 부위 폐포 벽의 파괴에 의해 비정상적이고 영구적으로 폐포 공간이 확장되는 질환이다.	담배 등의 유해 물질에 기관지가 장기간 노출되어 지속적인 염증상태에 놓이는 질병으로 임상적으로는 연속해서 2년 이상, 적어도 1년에 3개월 이상 가래가 동반되는 기침이 지속되는 질환이다.
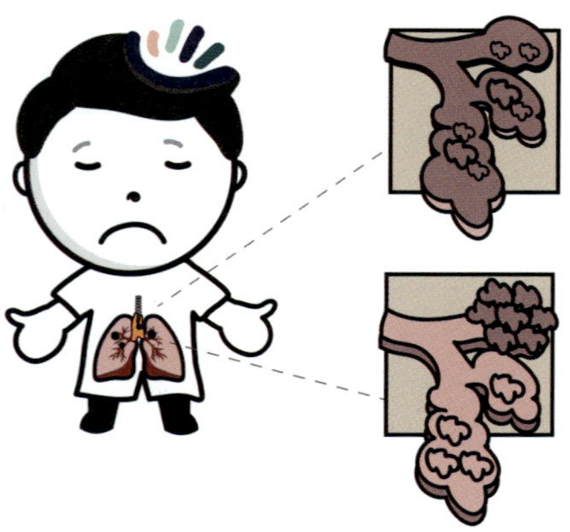	

(2) 원인

천식	만성폐쇄성 폐질환
① 흡연 ② 집 먼지, 곰팡이 ③ 바퀴벌레 ④ 스트레스 ⑤ 애완동물의 털 ⑥ 찬공기 ⑦ 호흡기 감염	① 담배연기 ② 유독 물질 ③ 공해 ④ 미세먼지 ⑤ 흡연 ⑥ 선천성 감수성 ⑦ 바이러스

급성 호흡곤란의 원인은 다양한 원인에 의해 발생되지만 주로 유해 입자, 가스 흡입에 의하여 발생하며, 대부분의 원인은 흡연이다. 이는 세균이나 신체 손상에 의해 혈액으로 화학적 물질이 방출되어, 이것이 폐에 도달해 폐에서 심한 염증이 일어나 급성 호흡곤란증후군이 발생하는 것이다.

(3) 증상

천식	만성폐쇄성 폐질환
① 호흡곤란 증세가 나타난다. ② 기침, 가래가 나온다 ③ 가슴에서 쌕쌕 소리(천명음)가 난다. ④ 가슴 압박감과 거동이 불편하다.	① 호흡곤란, 기침, 가래 등의 기도 질환 증상을 나타낸다. ② 호기 시 수포음이 생기며, 호흡수가 증가한다. ③ 긴장감과 함께 불안감이 온다. ④ 혈압 상승과 청색증이 나타난다. ⑤ 폐 기능을 악화시켜 사망에 이르게 할 수도 있다.

천식의 대표 3대 증상은?

호흡곤란 천명(쌕쌕거림) 기침

(4) 응급처치

천식	만성폐쇄성 폐질환
① 상체를 비스듬히 세워준다. ② 환자가 사용하는 흡입약이 있으면 사용하게 한다. ③ 미지근한 물을 마시게 하여 가래를 묽게 한 다음 쉽게 배출되게 한다. ④ 심한 경우 병원으로 이송한다.	① 상체를 올려 편안하게 호흡할 수 있도록 한다. ② 호흡곤란 시 저농도의 산소를 공급한다 (1~3L/분 정도). ③ 환자가 복용하는 약이 있을 때 복용할 수 있도록 도와준다.

(5) 예방법

① 천식

- 실내 바닥에는 카펫을 깔지 않고, 나무 마룻바닥은 촉촉하게 젖은 걸레로 깨끗이 닦아 준다.
- 침대 시트나 담요, 베개 등을 뜨거운 물로 자주 세탁하여 집 먼지 진드기를 없애야 한다.
- 실내 습도는 50% 정도로 유지한다(집 먼지, 진드기, 곰팡이 번식 방지).
- 가급적 털이 있는 애완동물은 기르지 않도록 하거나 최소 침실에는 있지 않도록 한다.
- 거실 내에 꽃이나 화분 등을 치우는 것이 좋고, 꽃가루가 실내에 들어오지 못하도록 침실 창문을 닫아 둔다.
- 천식을 유발할 수 있는 음식은 주의한다.

② 만성폐쇄성 폐질환

- 나이와 관계없이 모든 만성폐쇄성 폐질환 환자들은 금연해야 한다.
- 바이러스 감염이 질환을 악화시킬 수 있기 때문에 독감백신과 폐렴 예방주사 접종 등에 신경써야 한다.
- 외출 후 손 씻기, 목이나 입을 헹구는 등 개인위생 관리를 잘해야 한다.
- 적당한 운동과 체중관리가 중요하다.
- 스스로 몸의 컨디션을 조절하여 쉽게 피로하지 않도록 해야 하며, 무리하게 일을 해서는 안 된다.

4) 급성 저혈당(Acute hypoglycemia)

(1) 급성 저혈당이란?

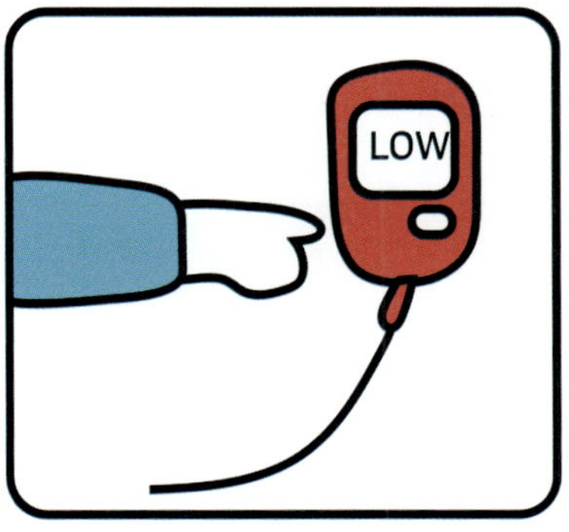

정상인에서 혈당은 약 80~150mg/dL로 일정하게 유지되며 우리몸의 각 부분에 보내지는 에너지의 주요 공급원이 된다. 저혈당증이란 여러 가지 원인에 의해서 혈당이 정상 수치 이하(70mg/dL)로 감소함으로써, 신체기관에 공급되는 포도당의 양이 감소하고 다양한 증상을 나타내는 상태를 말한다.

(2) 원인

저혈당은 여러 가지 원인에 의해서 혈당이 정상 수치 이하로 감소함으로써, 신체기관에 공급되는 포도당의 양이 감소하여 다양한 증상을 나타낸다. 저혈당의 가장 흔한 원인은 당뇨병 치료에 사용되는 경구 혈당 강하제나 인슐린의 과잉 투여이다. 그밖에도 끼니를 거르거나, 심한 운동을 하거나, 음주에 의해서도 저혈당이 발생할 수 있다.

① 식사로 인한 경우
- 식사 또는 간식을 거르는 경우
- 식사 또는 간식 시간이 지연된 경우
- 공복에 술을 마신 경우
- 당질 섭취량이 부족한 경우
- 식사 시간이 불규칙한 경우

② 운동으로 인한 경우
- 공복에 운동을 하는 경우
- 장시간, 고강도로 운동을 한 경우
- 운동에 따른 간식을 추가하지 않은 경우

③ 약물로 인한 경우(인슐린 or 경구 혈당 강하제)
- 인슐린 또는 경구 용량이 많았을 경우
- 불규칙한 주사 시간과 식사 시간

(3) 증상

가벼운 증상의 저혈당 증세가 있는 사람은 공복감, 손떨림, 발한, 창백한 얼굴, 심장의 두근거림, 현기증, 의식이 혼미해지는 초기 증상이 나타날 수 있다. 심한 경우에 심한 피로감을 느끼고 신경이 예민해지며 입안이 따끔거리고 기분의 변화가 심해진다. 저혈당 증상이 나타남에도 조치를 취하지 않는 경우 소화기 계통에 불편함이 생기고 발작을 일으키거나 의식을 잃는 등의 위급한 상황이 발생할 수 있다.

가벼운 증상 (교감신경계 반응)	진행 증상	위험 증상 (심각한 저혈당이 30분 이상 지속되는 경우)
① 얼굴 창백 ② 가슴 두근거림 ③ 식은땀 ④ 급격한 공복감 ⑤ 불안함 ⑤ 어지러움	① 심한 피로감 ② 집중력 결여 ③ 시력 이상 ④ 두통 ⑤ 졸음 ⑥ 일시적 감각 실조	① 언어장애 ② 착란 ③ 경련·발작 ④ 의식상실

(4) 응급처치

① 의식이 있다면 흡수가 빠른 당분을 섭취한다(요구르트, 꿀, 과일주스 등).
② 15분간 휴식 후 혈당 측정한다. 혈당 회복이 되지 않았다면 당분을 보충한다.
③ 쇼크나 의식이 없을 때는 곧바로 병원으로 간다.

(5) 예방법

① 식사시간을 잘 지킨다.
② 탄수화물, 단백질, 지방을 골고루 섭취한다.
③ 빈 속에 음주·운동을 삼간다.
④ 수시로 혈당을 측정한다.
⑤ 정해진 시간에 경구혈당강하제 복용 및 인슐린을 투여한다.
⑤ 사탕, 당정제 등의 응급 용품을 준비한다.

5) 급성 약물중독(Drug intoxication)

(1) 급성 약물중독이란?

사고 또는 의도적이든 비의도적이든 약물을 과량 복용하여 약물이 나타내는 치료적 효과 외에 독성 부작용이 발생할 것으로 예견되는 상태를 말한다. 모든 약물은 처방된 양보다 과량으로 복용하면 중독을 유발할 수 있다.

학령기 이전 소아는 치료적 약물이 아닌 가정 내 물질(비누, 화장품 등)에 실수로 노출되는 경우가 흔하며, 청소년기 이상, 노년기는 대부분 자살을 시도하는 등 의도적인 경우가 많다.

(2) 원인

원인	설명
불의의 사고	고의 혹은 실수로 치료적 약물을 과량 복용하여 약물의 치료적 효과 외 독성 부작용이 발생할 것으로 예견되는 상태
교우관계, 가정불화	교우관계 : 어린이와 청소년이 인간발달 과정에서 또래들과 가지게 되는 인간관계. 정서발달과 사회성 발달에 큰 영향을 미침 가정불화 : 가정 구성원 사이의 갈등으로 좋지 않아진 사이 자살, 청소년 가출, 학업포기, 우울증 등의 원인이 되는 사회 문제 발생
우울증	의욕저하와 우울감을 주요 증상으로 하여 다양한 인지적·정신적·신체적 증상을 일으켜 일상 기능의 저하를 가져오는 질환 - 감정, 생각, 신체상태, 행동 등에 변화를 일으키는 질환
질병에 대한 두려움 (건강염려증)	주위의 위로나 위안으로는 결코 도움이 되지 않을 정도로 자신의 질환에 대해 과도하게 걱정을 하며, 객관적인 병리가 없음에도 불구하고 조금이라도 이상하게 느껴지는 작은 증상에 대해 과잉반응을 하는 것 - 원인 : 스트레스, 집안 병력에 따른 불안감, 노화 등
치매	정상적으로 성숙한 뇌가 후천적인 외상이나 질병 등 외부의 원인에 의하여 손상 또는 파괴되어 전반적으로 지능, 학습, 언어 등의 인지기능과 고등 정신기능이 떨어지는 복합적인 증상

(3) 종류에 따른 증상

약물 성분	대표적 약물	증상
마약성 진통제	수면제	의식저하, 호흡억제
약물 성분 기재	코카인, 니코틴, 필로폰	흥분상태, 동공확장, 식은땀, 혈압상승, 맥박수 증가
	파라티온, 피레스로이드, 메소밀	침, 눈물, 식은땀, 구역, 구토, 배뇨, 설사, 근력저하, 호흡곤란, 기관지루(기관지 분비물 증가)
	아트로핀, 부스코판, 아트로벤트	의식저하, 동공확장, 건조한 붉은 피부 요저류, 장운동 저하
	아스피린	의식저하, 과호흡, 이면, 맥박수 증가, 혈압 증가
	플루옥세틴(프로작, 푸록틴), 파록세틴	의식저하, 근긴장도 증가, 발열

(4) 응급처치 시 주의점

① 구토물과 약제 용기도 보관하여 환자와 함께 병원에 보낸다.
② 약물을 흡입하였을 경우 신선한 공기를 마시게 하고 가능하면 산소를 공급한다.
③ 약물이 피부에 흡수되었다면 의류, 시계, 신발 등 환자가 몸에 걸치고 있는 것을 벗긴 후 세척한다.
④ 약물이 주사에 의해 신체 조직이나 혈액으로 찔려서 들어갔을 경우, 찔린 부위보다 위를 묶어 정맥의 흐름을 지연하고 호흡, 순환상태를 관찰하면서 병원으로 이송한다.

(5) 응급처치

① 기도-호흡-순환(ABC's)을 확인한다.

② 신속히 응급의료체계(119)에 신고한다.

③ 복용한 약물의 종류 및 섭취량 등의 정보를 수집한다.

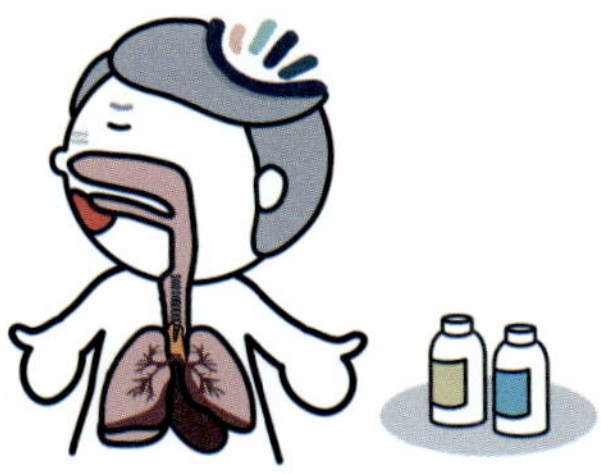

④ 손상을 입은 부위가 있는지 살핀다.

⑤ 다른 손상이 의심되지 않으면 환자를 왼쪽으로 눕힌다(회복자세).

출처 : 중앙응급의료센터

(6) 예방법

① 집에서 노출될 수 있는 화학물질이나 약물을 조심스럽게 관리하는 것이 중요하다.

② 의도적 약물 복용이라면 그러한 행동을 하게 된 원인이 될 수 있는 우울증 등의 문제에 대해 적극적으로 치료하고, 환자에 대한 지속적인 관찰 및 지지가 약물중독을 예방하는 데 도움이 될 수 있다.

4. 환경응급 응급처치

1) 화상 입었을 때

(1) 화상이란?

화상은 열(뜨거운 물질), 빛(방사선, 자외선, 적외선), 전기, 화학화상 또는 마찰열 등으로 인한 손상을 말한다. 화상은 영향을 받은 조직, 정도, 결과로써 생기는 합병증에 따라 매우 다양해질 수 있다. 깊이에 따라서 근육, 뼈, 혈관, 표피가 모두 손상을 입을 수 있으며, 신경 말단이 깊이 손상되면서 고통이 수반될 수 있다. 화상을 입은 부위와 정도에 따라 당사자는 쇼크 증세, 감염, 전해질 불균형, 호흡 장애를 포함한 다양한 변수의 잠재적으로 치명적인 합병증을 경험할 수 있다. 육체적인 합병증 외에도, 흉터와 기형으로 인한 심한 정신적·정서적 장애를 초래할 수 있다.

(2) 원인에 따른 구분

① 열에 의한 화상 뜨거운 물체나 액체와의 접촉이 가장 흔한 원인이며, 점화되어 불꽃이나 폭발을 일으킨 가연성 기체에 의한 경우도 있다. 손상의 정도는 온도, 열에너지, 접촉시간에 의해 결정된다.	
② 전기에 의한 화상 전기화상의 경우에는 언뜻 겉으로 보기에는 큰 손상이 없어 보일 수 있지만 전류가 지나가면서 조직 손상과 심부정맥을 포함한 내부 손상을 일으킬 위험성이 있다. 특히 가정용 교류 220V 혹은 600V 이상의 전압에 감전된 경우 내부 장기 및 심장 손상의 가능성이 있으므로 즉시 병원으로 이송한다. 필요시 심폐소생술을 시행한다.	
③ 화학약품에 의한 화상 강한 산성이나 양잿물과 같이 강한 화학물질, 청소용제나 가솔린과 같은 부식성 물질이 눈이나 피부에 튀었을 경우, 강한 화학물질의 증기나 가스 역시 눈이나 호흡기, 폐 등에 손상을 줄 수 있다. 피부에 화학물질이 튀면 그 물질이 얼마나 부식성이 강한가에 따라 피부가 빨개지고 물집이 잡히거나 검게 되기도 한다.	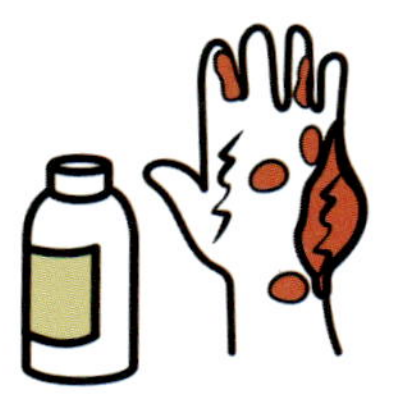

(3) 화상 깊이에 따른 분류

분류		증상
1도 화상		피부의 바깥층인 표피만 손상된 경우, 화상 부위가 벌겋게 되고 따끔거리는 통증이 있으며 접촉에 예민하다. 물집은 생기지 않는다. 대게 1주 이내에 흉터 없이 완치된다.
2도 화상		진피까지 침범한 화상, 물집이 생기고 진물이 나기도 하며 심한 통증, 회복 기간은 대게 2~4주 정도이고, 흉터나 피부 변색, 탈모가 생길 수 있다.
3도 화상		피부 전체 층이 손상된 경우, 피부는 창백한 하얀색이거나 그을린 검은색, 신경 손상으로 통증이 없음, 피부 이식 등의 치료가 필요할 수 있다.

(4) 깊이에 따른 특징

구분	깊이	피부색	통증	치유기간	예후
1도 화상	피부 바깥 층에만	빨간색(홍반)	심함(+)	1주 이내	흉터(-)
2도 화상	표피와 진피까지	얼룩덜룩 빨간색 (수포형성)	매우 심함(++)	2~4주	흉터(+), 변색, 탈모
3도 화상	피부전층까지	검은색 또는 흰색 (수포 및 가피 형성)	매우 심함(++) 또는 없음(-)	피부이식 필요	심한 흉터(++)

(5) 화상 종류별 응급처치

① 열에 의한 화상 응급처치

· 환자를 안전한 곳으로 옮긴 후 119에 신고한다.
· 타고 있거나 그을린 옷, 반지, 팔찌, 시계, 신발 등을 제거한다.
· 흐르는 차가운 수돗물에 20분간 화상 부위를 씻어 화기를 뺀다.
· 깨끗한 천, 거즈 등으로 감싼다.
· 물집은 터트리지 않는다. 터진 물집을 통해 상처가 세균에 감염될 수 있다.
· 환자가 심한 화상으로 인해서 정신을 잃거나 맥박과 호흡이 약해지면 쇼크를 방지하기 위해 환자를 눕히고 신속히 병원으로 이송한다.

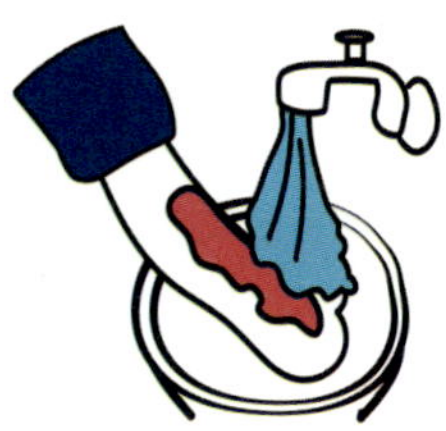

상처부위는 흐르는 물에 약 20분 정도 씻어준다.

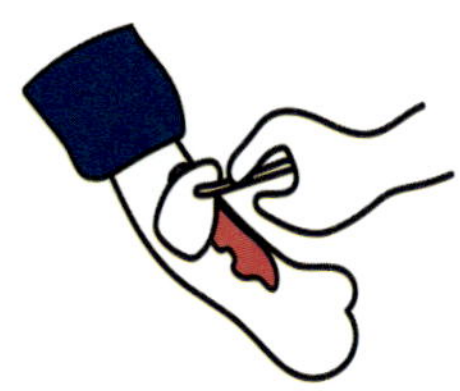

상처는 멸균 처리된 깨끗한 거즈 또는 화상패드를 덮어준다.

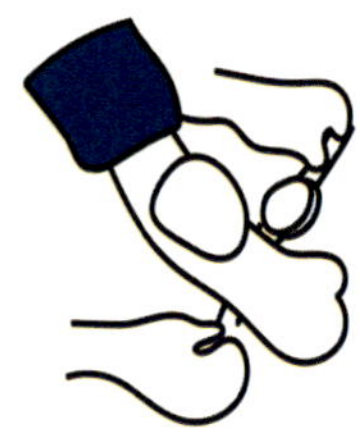

상처가 부풀어 오르기 전에 상처 위의 반지, 시계, 벨트 등을 조심스럽게 제거한다.

얼굴에 화상을 입었을 때에는 환자가 숨을 쉴 수 있도록 거즈에 구멍을 낸다.

상처부위에 로션이나 연고, 기름 등을 바르지 않는다.

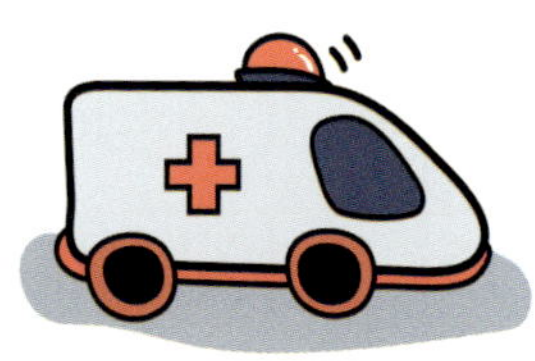

환자를 최대한 빨리 병원으로 옮겨 전문적인 치료를 받게 한다.

출처: 한국교육학술정보원

※ 응급처치 시 주의점

① 로션, 된장, 간장, 소주 등은 감염을 유발하므로 절대 바르지 않는다.
② 화상은 눈으로만 봐서 앞으로의 예후나 상처의 상태를 평가하기 힘들다.
③ 아주 가벼운 1도 화상을 제외한 모든 화상은 응급처치 후에 바로 병원을 방문하여 치료받아야 한다. 특히 흡입성 화상의 경우 기도의 부종으로 인하여 생명에 위협을 줄 수 있고 전기화상, 화학화상, 심각한 화상인 경우 화상치료 전문 의료기관으로 이송한다.

② 전기에 의한 화상 응급처치

· 즉시 119에 신고한다.
· 환자에게 바로 접근하지 말고 환자의 주위가 안전한지 확인한 후 접근한다.
· 가능하다면 전원을 먼저 차단해야 한다.
  - 전원이 꺼진 것을 확인하기 전까지는 환자 몸에 있는 전선을 섣불리 제거하려 해서는 안 된다.
· 환자를 눕히고 따뜻하게 하여 쇼크를 예방한다.
· 건조하고 깨끗한 천으로 화상 부위를 덮는다.

※ 예방법
① 전기코드는 어린아이나 애완동물이 만질 수 없는 곳에 둔다.
② 사용하지 않을 경우 콘센트를 안전 기구를 이용하여 막아두는 것이 좋다.
③ 전구를 바꿀 때는 전원을 끄거나, 플러그를 뽑은 후에 바꾼다.
④ 컴퓨터를 포함하여 모든 전기 기구를 고치기 전에 플러그를 뽑는다.
⑤ 번개가 칠 때는 자동차, 큰 빌딩이나 집안에 있거나 낮은 지면을 찾아야 하며 절대 나무 밑에 있어서는 안 된다.

③ 화학약품에 의한 화상 응급처치

· 즉시 119에 신고한다.
· 흐르는 물로 깨끗이 씻는다. 특히 오염된 경우에는 20분 이상 흐르는 물로 씻는다 (산, 알칼리 등의 부식성 물질이 튄 경우에도 흐르는 물로 충분히 씻는다).
· 절대로 산이나 알칼리로 중화를 시도해서는 안 된다.
· 분말일 경우 브러시로 완전히 털어낸 후 물로 깨끗하게 씻는다.

※ 예방법
① 화학약품은 손에 닿지 않게 보관한다.
② 화학약품을 음료수 병에 담아두지 않는다.
③ 화학약품을 만지면 재빨리 씻어낸다.

2) 온열질환

(1) 온열질환이란?

온열질환은 숨쉬기조차 어려운 무더운 날씨에 무리한 외부 활동으로 발생하는 질환으로 열사병, 열실신, 열경련, 열탈진 등으로 나눈다.

(2) 분류 및 주요 증상

분류	주요 증상
열사병	· 의식장애/혼수상태(중추신경 기능장애) · 땀이 나지 않아 건조하고 뜨거운 피부(>40℃) · 심한 두통 · 오한 · 빈맥, 빈호흡, 저혈압
열탈진 (일사병)	· 땀이 많이 흘림(과도한 발한) · 극심한 무력감과 피로 · 창백함, 근육경련 · 오심 또는 구토
열경련	· 근육경련(어깨, 팔, 다리, 복부, 손가락)
열실신	· 실신(일시적 의식소실) · 어지럼증

(3) 일사병과 열사병 구분

일사병이란 고온의 환경 노출되어 심부 신체의 온도가 섭씨 37도에서 40도 사이로 상승하여, 적절한 심박출을 유지할 수 없으나 중추신경계의 이상은 없는 상태이다. 열사병은 과도한 열에 의한 체온조절 기능의 이상 상태로 열 발산 기능이 저하된다. 중심체온 40도 이상, 의식저하, 착란, 기면, 의식불명, 붉고 뜨겁고 건조한 피부가 나타난다.

구분	일사병	열사병
심부 체온	<40℃	≥40℃
정신 상태	정상 30분 이내에 완전히 회복되는 어지러움증과 약간의 정신 혼란, 즉시 회복되는 실신	비정상 섬망, 발작, 의식소실, 경련, 어눌함
호흡계	정상 또는 빠른 호흡	정신 혼란과 동반된 느린 호흡 또는 빠른 호흡
순환계	정상 혈압과 빠른 맥박 약간 또는 중간 정도의 탈수	저혈압과 빠른 맥박 중간 또는 심한 탈수
피부	땀으로 축축함	건조 또는 땀으로 축축함
그 외	구역감 및 구토, 두통, 피로, 위약	구토와 설사, 횡문근융해증, 급성 신부전, 심인성 쇼크, 간기능 부전

(4) 응급처치

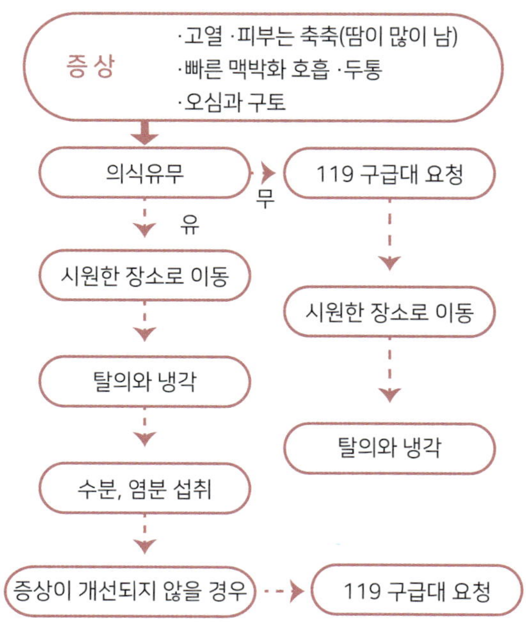

① 무의식 상태, 열사병의 증상을 보이는 경우 즉시 119에 신고한다.

② 환자를 시원한 곳으로 옮기고, 시원한 물을 마시도록 한다.

· 의식이 없는 환자에게는 아무것도 먹여서는 안 된다.

· 구역감, 어지럼증을 호소하는 경우에는 환자를 눕힌다.

④ 체온을 떨어뜨리기 위해 가능한 모든 방법을 시행한다.

⑤ 전신에 시원한 물을 바르고 부채질을 한다.

⑥ 얼음물은 혈관을 수축시켜 체온이 빠져나가지 않게 한다.

⑦ 중심체온이 39도 미만으로 떨어지면 지나친 냉각은 피해야 한다.

⑧ 체온을 떨어트리기 위해 아스피린이나 타이레놀 등의 해열제를 주지 않는다.

3) 한랭 질환

(1) 한랭 질환이란?

한랭 질환은 극심한 추위로 발생하는 동상, 저체온증과 같은 질환으로 매년 12~1월에 가장 많이 발생하는 질환이다. 특히 고령자와 독거노인, 노숙인, 만성질환자(고혈압, 심장병, 당뇨 등)는 한파에 더욱 취약할 수 있으므로 각별히 주의해야 한다.

(2) 동상

① 동상이란?

추위에 오랜 시간 노출되어 피부와 피하조직이 동결되는 상태로, 주로 외부에 노출되는 손이나 발, 머리와 얼굴에 발생한다. 초기에는 통증을 느끼다가 점차 통증에 무감각해지고, 피부는 초기에 붉어지다가 완전히 얼게 되면 흰색이나 회색으로 변한다.

② 분류 및 증상

분류		증상
1도 동상	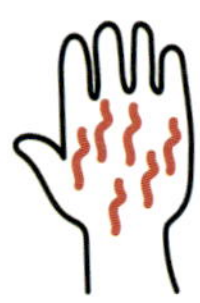	일시적인 화끈거림, 고동치거나 쑤시는 양상의 통증이 있고 땀이 많이 날 수 있다. 부분적인 피부의 동결, 발적, 부종, 수포나 괴사는 없으며 때때로 손상 발생 5~10일 후에 피부 박탈은 있을 수 있다.
2도 동상		감각 저하, 고동치거나 쑤시는 통증이 있다. 피부 전층의 손상, 발적, 부종, 맑은 액체가 들어 있는 작은 수포, 피부 박탈 및 흉터를 일으키는 수포가 발생한다.
3도 동상	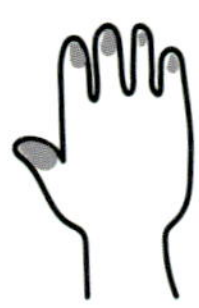	처음에는 손상 부위가 나뭇조각과 같이 무감각하다가 이후에는 화끈거리고 쑤시는 듯한 양상의 통증이 있다. 피부 전층의 손상 및 피하층의 동결, 자줏빛 혹은 출혈성 수포, 피부괴사, 청회색으로 변색된다.
4도 동상	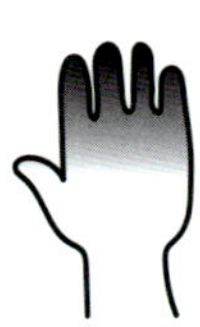	피부 전층, 피하층, 근육, 인대, 뼈의 동결, 부종은 거의 없다. 초기에 얼룩덜룩한 반점을 보이다 이후 점차적으로 건조되면서 검은색으로 변하며, 관절의 쑤시는 듯한 통증을 호소할 수 있다.

③ 응급처치

· 환자를 추운 환경 원인으로부터 따뜻한 환경으로 옮긴다.
· 젖은 의복을 벗기고, 따뜻한 담요로 몸 전체를 감싸준다(그림1).
· 동상 부위를 따뜻한 물(40~42℃)에 담근다. 20~30분 정도로 원위부 사지가 불그스름해지거나, 부드러워질 때까지 둔다(40~42℃ : 동상을 입지 않은 부위를 담갔을 때 불편하지 않을 정도의 온도)(그림2).
· 얼굴, 귀: 따뜻한 물수건을 대주고 자주 갈아준다.
· 손, 발: 손가락, 발가락 사이에 소독된 마른 거즈를 끼우고 붕대를 감아준다(그림3).
· 동상 부위를 약간 높게 한다(그림4).
· 통증이 심한 경우 타이레놀 등의 진통제가 도움이 된다.

※ 응급처치 시 주의점
① 동상 부위를 녹이기 위해서 마사지를 하거나 얼음이나 눈으로 문지르지 않는다. 조직 내 얼음 결정체가 조직에 심한 손상을 초래하여 오히려 상태를 악화시킬 수 있다.
② 물집이 생긴 경우에는 절대 터뜨리지 않는다.
③ 발에 동상이 생긴 경우, 동결된 발로는 걷지 않도록 한다.
④ 재가온 중 물집이 생긴 경우: 2도, 3도 동상을 의심할 수 있으며, 감염의 위험을 높이므로 수포는 터뜨리지 않는다(감염의 증상: 통증, 부종, 붉어짐, 압통, 열감, 고름, 37.8℃ 이상의 열).

(동상의 초기 대처법)

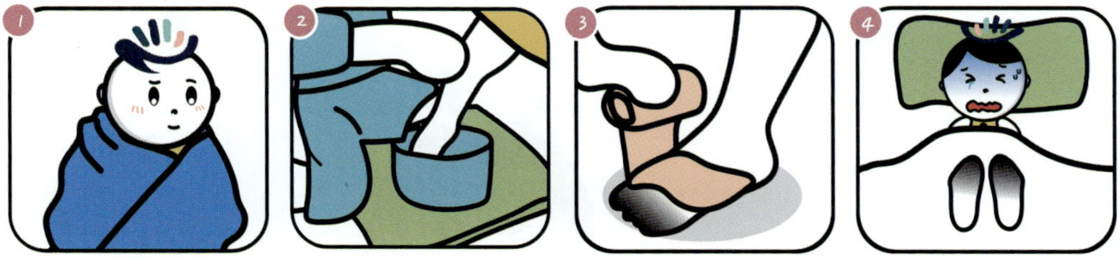

출처 : 보건복지부

(3) 저체온증

① 저체온증이란?

중심체온이 35℃ 이하로 낮은 상태를 뜻하며 심한 저체온증은 체온이 지속적으로 내려가면 의식을 잃고 사망할 수 있다. 7℃ 이하의 낮은 기온에서 주로 발생하지만, 습하고 바람이 많은 날씨에서는 그 이상의 기온에서도 발생한다. 몸이 약하고 잘 움직이지 않는 사람은 실내에서도 저체온증이 발생할 수 있다.

② 체온별 증상

· 경한 저체온증(초기 증상: 32~35℃): 오한, 차고 창백한 피부, 멍함, 판단력 저하
· 중한 저체온증(후기 증상: 32℃ 미만): 차가운 배, 느린 맥박 및 호흡, 마비나 졸린 상태, 착란

저체온증상

③ 응급처치

- 신속히 병원으로 가거나 빠르게 119에 신고한다.
- 젖은 옷은 벗겨내고 따뜻하게 보온을 해준다.
- 겨드랑이, 배 위에 핫팩이나 더운 물통 등을 둔다.
- 의식이 있는 경우에는 따뜻한 음료가 도움이 될 수 있으나, 의식이 없는 경우는 주의한다.

※ 응급처치 시 주의점

① 환자는 가능하면 최대한 조심스럽게 움직인다. 이는 심장근육이 매우 불안정한 상태이므로 환자를 거칠게 다룰 경우에 심장정지가 발생될 수 있기 때문이다.

② 온수를 이용한 가온 방법은 차가운 혈액이 심장 부위로 이동하면서 쇼크나 심장마비를 일으킬 수 있으므로 다른 처치가 불가능한 응급상황이 아니라면 현장에서는 시행하지 않는다.

※ 예방법

① 두꺼운 옷 한 벌보다는 얇은 옷 여러 벌 겹쳐 입기

② 장갑, 목도리, 귀마개, 모자, 마스크 등을 활용해 보온 효과 높이기

③ 야외활동과 운동 전에는 술을 마시지 말고 충분히 스트레칭하기

④ 혈액 순환이 잘 될 수 있도록 꽉 끼는 옷과 신발 착용하지 않기

⑤ 땀에 젖은 옷은 반드시 갈아입기

119신고/따뜻한 곳으로 이동

담요/침낭으로 체온 높이기

핫팩이나 더운 물통 이용

따뜻한 음료섭취

4) 벌에 쏘였을 때

우리나라에는 약 1,000여 종의 벌이 서식하고 있으며, 이 중 꿀벌상과와 말벌상과의 벌들이 알레르기 반응을 일으키는 중요한 종으로 알려져 있다. 벌의 독소에는 다양한 물질들이 포함되어 있어 벌침을 통해 생체내로 흡수되면 여러 가지 반응을 일으킨다. 벌침을 제거하지 않을 경우 약 5분 정도까지 침에서 독이 계속 나와 몸 안으로 흡수되며 증상을 악화시킬 수 있다고 보고하고 있다. 이렇게 흡수된 벌의 독소는 대부분 경미한 두드러기, 피부발진, 부종 등으로 나타나지만, 일부 환자에서는 의식 소실, 저혈압, 실신 등의 생명이 위독한 전신성 알레르기 반응으로도 나타날수 있다. 따라서 가능하다면 현장에서부터 신속하게 벌침을 확인하고 적절한 응급처치가 이루어져야 한다.

(1) 증상

국소적 반응	전신적 반응
벌에 쏘인 경우 대부분 국소적 반응이 나타나며, 쏘인 부위의 통증, 부종, 붉어짐, 간지러움 등을 보인다.	일부 환자에서 전신적 반응을 보이며, 두통, 어지럼증, 오심, 구토, 호흡곤란, 가슴 답답함, 안면 홍조, 안구 가려움, 전신 발진 등이 나타난다. 심각한 알레르기 반응으로 인한 전신 증상이 나타난 경우에는 심각한 쇼크로 사망할 수 있으므로 즉각 119에 신고한다(대부분 첫 15분 내에 발생).

피부발진

기침

흉통

호흡곤란

소양증

빈맥

(2) 응급처치

① 벌에 쏘인 자리를 관찰하여 벌침이 남아 있는지 확인한다.
  · 꿀벌은 침이 살에 꽂히는 반면, 말벌은 찌르기만 하므로 남은 침이 없다.
  · 벌침이 계속 남아 있으면 계속 독소를 내보내 알레르기 반응을 유발할 수 있다.
② 벌침이 남아 있으면 카드나 명함 등으로 긁어서 제거한다.
③ 상처를 비눗물로 깨끗이 씻어낸다.
④ 부종이 심하면 냉찜질이나 얼음찜질을 하고 쏘인 부위를 심장보다 높이 올린다.
⑤ 통증, 부종, 간지러움을 줄이기 위해 항히스타민제를 복용한다.

※ 응급처치 시 주의점
① 손가락으로 벌침을 뽑으면 오히려 독액 주머니를 짜서 벌 독소가 체내로 들어갈 수 있으므로 반드시 카드, 명함 등으로 밀어서 제거한다.
② 전신성 과민반응이 나타나는 사람은 병원으로 이송하는 동안에 질식할 가능성이 있으므로 입으로 아무것도 먹이지 않도록 한다.
※ 예방법
① 흰색이나 밝은 색의 뻣뻣한 옷감의 옷을 입는다.
② 야외활동을 할 때에는 향수나 강한 향의 화장품 사용을 자제한다.
③ 맨발로 다니지 않고, 벌통에 함부로 접근하지 않는다.

벌에 쏘이면?

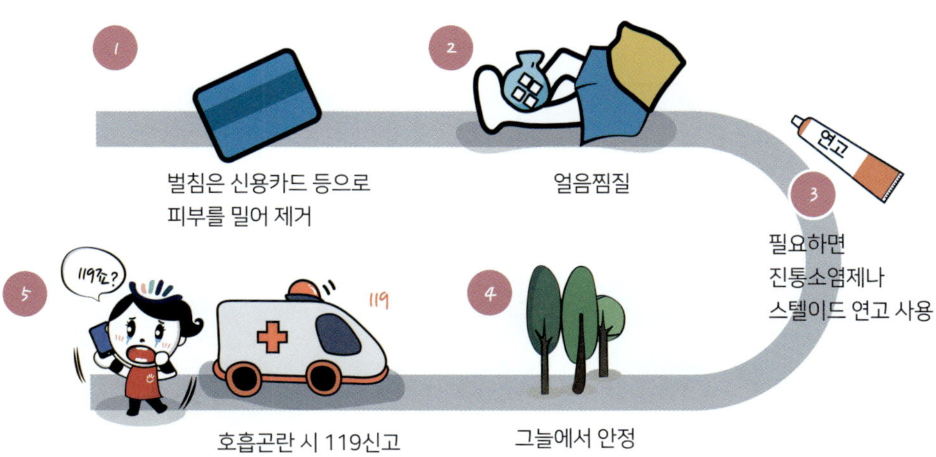

5) 해파리에 쏘였을 때

국내 연안해에는 해파리가 기후 변화로 인해 많이 존재하며, 특히 여름철 해수욕을 하면서 연안해에 떠다니는 해파리를 발견하지 못하고 심지어 건드리면서 해파리에 쏘이는 경우가 종종 발생하게 된다. 해파리에 쏘였을 때는 여러 가지 증상이 나타나게 되는데, 대표적으로 심한 통증이 발생한다. 이외에도 쏘인 부위가 빨갛게 되면서 부종이 발생하게 되며, 일부 환자에서는 심한 아나필락시스 쇼크 반응도 나타나게 된다.

(1) 증상

국소적 반응	전신적 반응
대부분 쏘인 부위의 통증, 부종, 붉어짐, 가려움증 등이 나타난다.	일부 환자에서 두통, 어지럼증, 오심, 구토, 호흡곤란, 가슴 답답함, 안면 홍조, 안구 가려움, 전신 발진 등이 나타난다. 심각한 알레르기 반응으로 인한 전신 증상이 나타난 경우에는 심각한 쇼크로 사망할 수 있으므로 즉각 119에 신고한다.
대부분 국소 독성반응 통증 / 피부발진 / 부종	전신 독성반응 주의 오한 / 근육마비 / 호흡곤란 / 신경마비

(2) 응급처치

① 즉시 물 밖으로 나온다.
② 119가 오기 전까지 바닷물을 부어서 10분 정도 세척한다.
③ 세척 후에도 촉수가 남아 있을 경우 신용카드 등 플라스틱 카드로 제거한다.

※ 응급처치 시 주의점
① 민물, 알코올로 세척하지 않는다.
② 눈은 바닷물로 세척하지 않는다.
③ 쏘인 부위를 문지르거나 만지지 않고 쏘인 부위를 붕대로 감는 등 압박하지 않는다.
④ 촉수 제거 시 조개껍데기 등 오염된 물체를 사용하지 않는다.

※ 예방법
① 해파리를 발견하면 즉시 119에 신고한다.
② 해파리가 죽은 것이라도 절대 직접 만지지 않는다.
③ 해변을 걸을 땐 되도록 신발을 신는다.
④ 해파리가 자주 발견되는 곳은 출입을 피하고 조심한다(부유물, 거품이 많은 곳, 물의 흐름이 느려지는 만·항구).

즉시 물 밖으로 나와야 할 때에는 천천히 움직여야 추가 쏘임을 피할 수 있다.

물 밖으로 나온 후에는 안전요원에게 알리고 식염수나 깨끗한 바닷물로 쏘인 부위를 여러 번 약 10분 이상 세척해야 한다.

세척 후에도 해파리 촉수가 남아있다면 고무장갑을 끼고 핀셋 또는 젓가락 등으로 제거하며 대기 열에 약하기 때문에 촉수, 제거, 세척 후 온수에 20분 정도 담그는 것이 도움이 된다.

눈을 다친 경우는 바닷물로 세척하지 않고 119에 도움을 요청하여 병원 치료를 받도록 한다.

6) 벌레에 물렸을 때

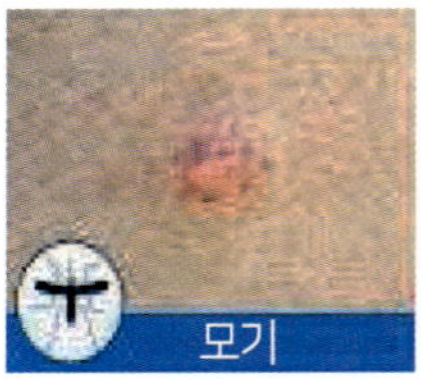

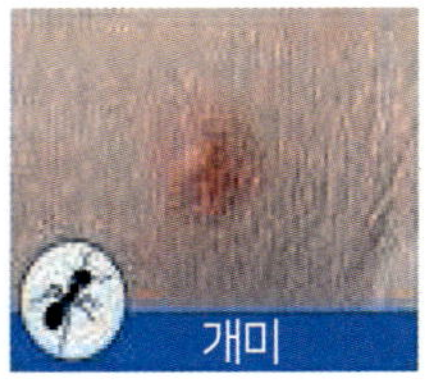

벌레에 물리거나 쏘이는 경우 초기 증상으로 물린 부위의 가려움, 통증 및 붓는 등의 국소적 현상이 대부분이다. 가장 심각한 경우는 벌레 독에 의해 생명을 위협할 수 있는 알레르기 반응(전신적 과민성 반응)이 발생했을 때이다.

(1) 벌레에 물렸을 때 증상

국소적 반응	전신적 반응
대부분 쏘인 부위의 통증, 부종, 붉어짐, 가려움증 등이 나타난다.	일부 환자에서 두통, 어지럼증, 오심, 구토, 호흡곤란, 가슴 답답함, 안면 홍조, 안구 가려움, 전신 발진 등이 나타난다. 심각한 알레르기 반응으로 인한 전신 증상이 나타난 경우에는 심각한 쇼크로 사망할 수 있으므로 즉각 119에 신고한다.

(2) 응급처치

① 천명(쌕쌕거림)이나 호흡곤란, 얼굴이나 혀의 부종, 전신 발진, 발열 등 전신적인 알레르기 반응이 나타나는 경우 즉시 119에 신고한다.
② 상처 부위를 비눗물로 깨끗이 씻어낸다.
③ 부종이 심하면 냉찜질이나 얼음찜질을 하고 물린 부위를 심장보다 높이 올린다.
④ 통증, 부종, 간지러움을 줄이기 위해 항히스타민제를 복용한다.
⑤ 통증, 부종 등 증상이 1~2일 내에 호전되지 않거나 감염이 의심되면 병원을 방문한다.

※ 반드시 119를 불러 의료기관에 방문해야 하는 경우
① 천명(쌕쌕거림), 숨쉬기 힘들 때
② 입술, 혀, 얼굴이 부었을 때
③ 팔이나 다리 전체가 붓고 물린 곳의 주위가 심하게 부을 때
④ 전신 발진 및 두드러기, 어지럼증이 있을 때
※ 예방법
① 모기, 거미 등 곤충이 많은 곳에서는 장갑을 끼고 바짓단을 양말 속에 넣는다.
② 곤충기피제가 들어 있는 방충제를 수시간마다 바른다.
③ 실내에 들어오면 방충제는 씻어낸다.

7) 뱀에 물렸을 때

우리나라에 서식하는 뱀의 종류는 대략 14종으로 알려져 있으며, 이 중 독사류는 모두 살무사과이다. 한국산 살무사과의 독에는 신경독보다는 혈액독이 강하게 함유되어 있어, 물렸을 때 신경독에 의한 전신증상보다는 혈액독에 의한 국소증상인 상처부위 부종과 통증, 반상출혈, 수포 등이 나타난다. 혈액독을 가진 독사에게 물린 경우에 급사를 하는 경우는 흔하지 않으므로 적절한 응급처치와 치료를 받는다면 사망률이 매우 낮은 것으로 알려져 있다. 그러나 처치가 부적절했거나, 치료가 늦은 경우에는 심각한 결과를 초래할 수 있으므로 초기에 임상적 증상 평가가 중요하다.

(1) 일반적인 원칙

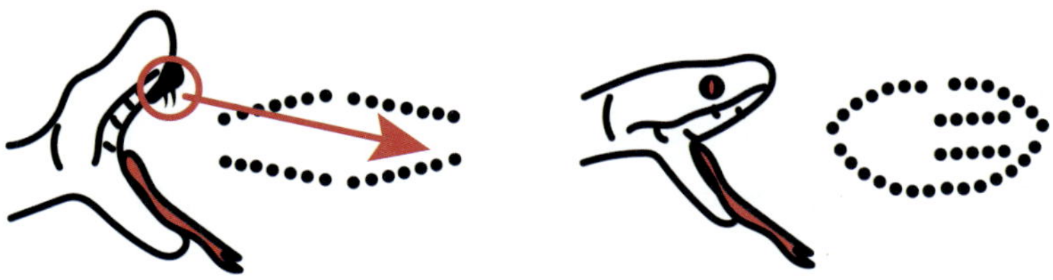

① 뱀에 물리면 먼저 독사인지 확인한다.

② 뱀의 종류를 모르면 독사로 간주한다.

③ 8~12시간 후까지 증상이 없으면 독의 주입이 없었을 가능성이 크다.

※ 독사의 특징

① 특징: 삼각형 모양 머리, 튀어나온 동공 , 선명하게 남는 1cm 간격의 두 개의 이빨 자국

② 우리나라에 서식하는 독사 3종: 살모사, 까치살모사, 불독사

③ 독사에 물렸을 때의 치료: 4시간 이내에 병원을 방문하여 항독소 주사제 투여, 물린지 12시간이 지나면 항독소 요법의 효과가 적음

(2) 증상

국소 통증, 진행성 부종, 오심, 구토, 근력 약화, 이상 감각, 토혈, 혈뇨 등이 나타난다.

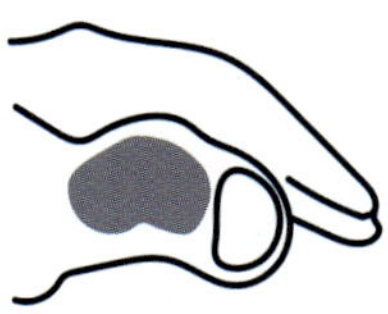

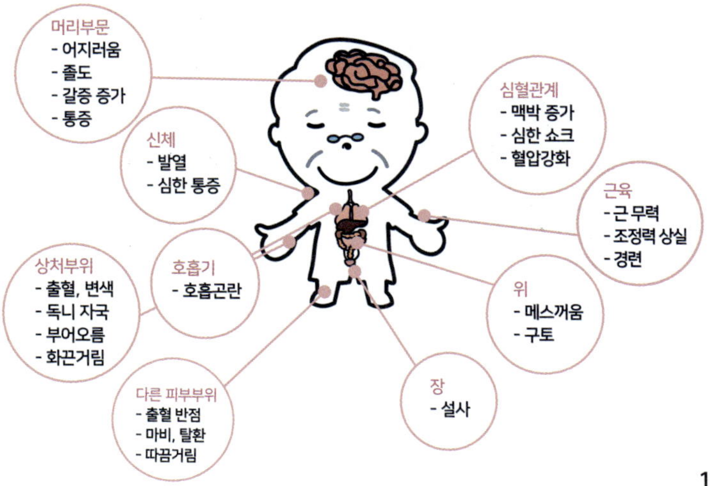

(3) 응급처치

① 즉시 119에 신고하여 최대한 빨리 치료를 받도록 한다.
② 물린 부위를 움직이지 않는다. 움직일수록 독이 빨리 퍼진다.
③ 독이 심장으로 퍼지는 것을 막기 위해 상처 부위를 심장보다 낮게 유지한다.
④ 치료가 지연되는 경우에만 심장과 물린 상처 부위 사이를 옷끈이나 압박대로 묶는다 (너무 꽉 묶어 피가 전혀 통하지 않게 하면 안 되고 정맥피는 몸으로 되돌아가는 것을 막고, 동맥피는 어느 정도 흐를 수 있는 적당한 압력이 좋다).
⑤ 물린 부위 주위를 움직이지 않게 부목으로 고정시킨다.
⑥ 가능한 한 빨리 병원으로 이송한다.

※ 응급처치 시 주의점
① 입으로 상처를 빨아내는 것은 절대 금지한다.
- 특히 입에 상처가 있는 상태에서 시행하면 구조자의 몸에도 독이 흡수될 수 있다.
② 칼로 상처를 절개하는 것은 도움이 되지 않는다.
③ 된장 등 다른 물질을 상처에 바르는 것은 감염 위험성만 높이고 도움이 되지 않는다.
④ 음식이나 음료를 먹거나 마시지 않는다. 특히 술은 절대 마시지 않는다.
⑤ 상처 부위에 냉찜질은 하지 않는다.
- 얼음 물에 손을 담가도 안 된다. 독이 퍼지는 것을 막을 수 없을뿐더러, 이미 독소에 의해 손상 받은 조직이 다시 가온될 경우 심한 괴사가 발생할 수 있다.

뱀 물림 때 꼭 해야 할 것

도망!

물린 부위 심장 아래!

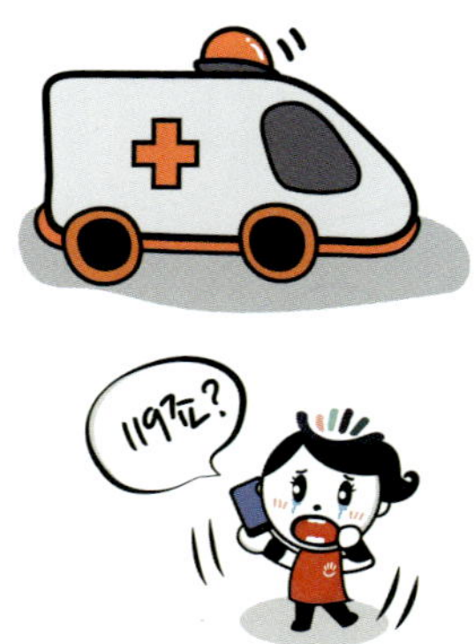

구조 요청!

8) 개에 물렸을 때

광견병은 사람과 동물을 공통 숙주로 하는 병원체에 의해서 발생하는 인수공통 전염병으로서, 광견병 바이러스(Rabies virus)에 의해 발생하는 중추신경계 감염증이다. 사람이 감염되어 중추신경계에 이상이 생기면 물을 무서워한다고 해서 공수병이라고 알려져 있다. 전염 경로를 살펴보면 광견병 바이러스를 가진 야생동물에 직접 물리거나, 개가 야생동물에게 물려서 광견병에 걸리고, 병에 걸린 개가 사람을 다시 물어서 물린 상처 부위로부터 바이러스가 신경을 타고 중추신경까지 타고 올라가 병이 발생하게 된다.

(1) 광견병 의심 개에 물렸을 때 증상

빛에 민감	과민성	안절부절
침 흘림	구토	설사

① 잠복기

- 일반적인 잠복기는 20~90일이다. 이러한 잠복기는 물린 상처에 있는 신경에서 중추신경까지 바이러스가 도달하는 시간이므로 얼굴을 물린 경우 잠복기가 짧고 다리를 물린 경우 잠복기가 길어진다. 짧게는 4일에서 길게는 19년까지 간다는 보고도 있다.
- 병의 전구 증상 기간 동안의 광견병 증상과 징후는 비특이적이어서 광견병이 드문 지역에서는 진단이 어려운 경우가 많다.

② 급성 신경기

- 성내어 날뛰거나(furious), 마비(paralytic)의 증상이 나타난다.
- 환자의 80%가 격노형(뇌염형, furious rabies)이고 과다 활동, 지남력 장애, 환청 그리고 괴이한 행동을 특징으로 한다.
- 20%에서 마비성 광견병이 나타나는데, 물린 사지에서 최대로 나타나고, 미만성, 대칭적으로 나타나거나 길랑-바레(Guillian-Barre) 증후군과 유사한 형태로 진행한다.
  (Guillian-Barre 증후군 : 면역계에 의한 말초신경 급성 손상으로 인해 근육이 약해지며 종종 마비로 진행되는데, 매우 빠르게 진행되는 희귀 질환)

(2) 응급처치

① 즉시 물린 자리를 비눗물로 깨끗이 씻어낸다.

② 애완동물에게 물렸을 때는 애완동물이 광견병 주사를 맞았는지 확인한다.

- 애완동물이 물린 경우 광견병 증세가 나타나는지 10일간 수의사의 관찰이 필요하다.
- 애완견의 주인을 찾을 수 없는 경우에 보건진료소 또는 병의원에 대처 방법을 문의한다.

③ 야생동물에 물렸을 경우에는 즉시 병원을 방문한다.

④ 피부에 상처가 날 정도로 물린 경우에는 파상풍 접종을 고려한다.

※ 반드시 병원을 방문해야 하는 경우

① 이상하게 공격적으로 행동하거나 입에 거품을 물고 있는 동물에게 물린 경우

② 주인을 알 수 없거나 예방접종 여부를 알 수 없는 동물에게 물린 경우

③ 봉합을 해야 하는 상처가 생긴 경우
(면역저하 환자를 제외하고, 6시간 이내에 일차 봉합을 하는 것이 좋음)

④ 얼굴이나 손, 발을 물린 경우

⑤ 감염의 증상이 나타나는 경우(통증, 부종, 붉어짐, 고름, 열감, 37.8℃ 이상의 발열)

※ 응급처치 시 주의점

① 광견병: 광견병은 드물지만 치료하지 않으면 매우 치명적인 병이다. 광견병을 옮기는 주요 동물은 개, 박쥐, 너구리, 여우 등이고, 광견병 예방접종을 맞은 애완동물들은 광견병이 거의 없다. 그러나 거리를 배회하는 동물이나 야생동물은 예방접종을 받지 않은 경우가 대부분이므로 반드시 병원을 방문한다.

② 세균감염: 피부에 상처가 날 정도로 물린 경우에는 세균감염의 원인이 된다 (특히 고양이나 사람이 문 상처의 경우).

③ 파상풍: 파상풍 예방접종을 제대로 하지 않았다면 파상풍의 위험이 있다.

개 물림 상처는 일반적인 소독 치료와는 다르다

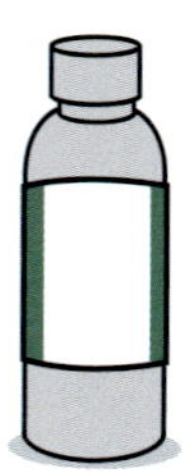

다량의 세척
감염 조직 제거

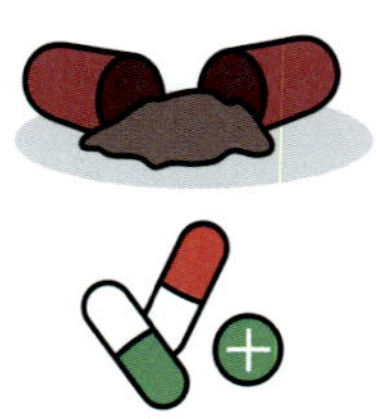

항생제 복용
백신 투여

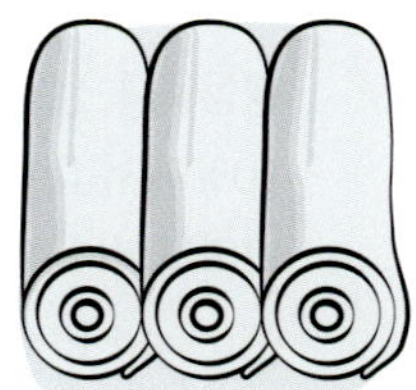

봉합 필요성
유무 확인

9) 이물질이 들어갔을 때

(1) 눈에 이물질

눈은 외부에 노출된 눈꺼풀, 결막, 각막, 눈물샘과 내부의 수정체, 홍채, 유리체, 공막, 황반, 시신경, 외안근 등의 구조물로 이루어져 있다. 일반적으로 눈의 이물이란 눈꺼풀과 각막 혹은 결막 사이에 이물이 있는 경우를 말한다.

① 증상

이물질에 의해 이물감, 통증, 눈물흘림, 충혈, 부종, 발적 등의 발생할 수 있다.

② 응급처치

· 이물질이 들어간 눈을 아래쪽으로 하고 흐르는 물로 씻어낸다. 이 방법이 어려운 경우 물속에서 눈을 깜빡거리는 방법을 사용할 수 있다.

· 흐르는 물로 씻어낸 후에도 이물감이 계속되면 양쪽 눈을 가리고 병원으로 이송한다. 한쪽 눈만 가리게 되면 가리지 않은 쪽 눈이 움직이면서 이물질이 들어간 눈의 안구도 같이 움직이게 되어 각막이 손상될 수 있다.

> ※ 반드시 병원을 방문해야 하는 경우
> ① 안구가 찔리거나 이물질이 눈에 박혀 있는 경우
> ② 강한 산성이나 양잿물 등 부식성 물질이 눈에 튄 경우
> ③ 이물질을 제거한 뒤에도 심한 통증, 이물감, 충혈, 눈물이 지속되는 경우
> ④ 눈이 빛에 민감해졌거나 시야가 흐린 경우, 눈동자가 하얗게 변색된 경우

※각막에 손상을 줄 수 있으므로 절대 눈을 비비면 안 된다.

※ 가능하면 강도가 세지 않게 컵에 물을 받아 세척하는게 좋다.

(2) 귓속에 이물질이 들어갔을 때

귓속에는 단추, 알약, 구슬, 돌, 벌레 등 다양한 종류의 이물질이 들어갈 수 있다. 콩, 씨앗 등의 유기 물질은 습해지면 귓속에서 팽창하기 때문에 제거가 어려울 수 있으며, 특히 벌레의 경우는 귀를 자극하여 염증을 유발하고 통증을 심하게 호소할 수 있다.

방어력이 없는 아이들은 성인과 다르게 쉽게 귀에 벌레가 들어가는 경우가 발생한다. 하지만 대부분의 경우 아이들은 귓속에서 벌레가 들어갔다는 사실을 인지하지 못하고 귀에서 "무슨 소리가 난다" 혹은 "쿵쾅대는 소리가 난다" 등 증상 표현을 한다. 이런 증상 표현을 한다면 신속하게 귓속에 벌레가 들어갔는지를 확인한 이후 응급처치를 실시해야 한다.

① 응급처치

· 벌레가 들어간 귀에 올리브 오일, 미네랄 오일, 베이비 오일 등을 흘려 넣어본다.
· 이물질이 들어간 귀의 방향으로 머리를 기울이고 부드럽게 흔든다. 귀를 위로 들어 뒤쪽으로 잡아 당기면 외이도가 똑바르게 되어 이물질 제거에 도움이 된다.
· 파리나 개미와 같이 작은 벌레는 불빛을 비추면 귀 밖으로 나오지만 바퀴벌레나 확인되지 않은 벌레는 불빛을 비추면 더 안으로 들어가서 고막이 다칠 수도 있다.

※ 응급처치 시 주의점

① 이물질이 부드럽고 잘 보이는 경우에만 핀셋 등으로 조심스럽게 제거하되, 환자가 가만히 있을 수 없거나 이물질이 깊이 있다면 오히려 이물질을 더 깊숙이 밀어 넣을 수 있으므로 꺼내려고 하지 않고 병원을 방문한다.

② 귀에 들어간 무생물의 이물을 제거하려다 고막, 외이도 등에 손상을 주거나 이물질을 더 깊이 밀어 넣는 경우가 흔하므로, 집에서 제거하려 하지 말고 병원에서 적절한 처치를 받는다.

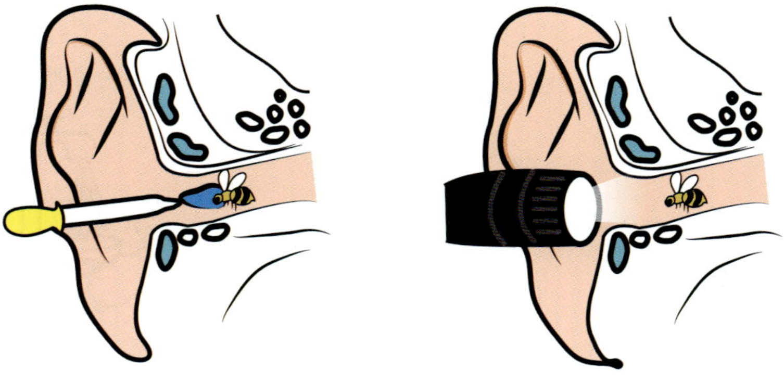

(3) 콧속에 이물질이 들어갔을 때

코는 상기도의 일부분으로 가습하는 역할과 냄새를 맡는 등의 역할을 한다. 코는 비중격에 의해 양쪽으로 나뉘어 있으며 이들 공간에 이물질이 들어가면 비강의 충만감, 통증, 출혈이 있을 수 있고 주로 코로 숨을 쉬는 영아 등에서는 호흡 기능에 지장을 줄 수 있다.

① 응급처치

- 이물질이 들어간 코에 울혈 제거제를 뿌려 부종을 줄여준다.
- 반대쪽 코를 누르고 코를 힘차게 풀게 한다.
- 이물질이 시야에 보인다면 끝이 무딘 핀셋으로 꺼내어 본다.

※ 응급처치 시 주의점

① 코를 너무 세게 풀면 고막이 찢어질 수 있으므로 주의한다.

② 코에 들어간 이물질을 면봉으로 제거할 경우, 더 깊이 들어가거나 코피를 유발할 수 있으므로 풀어서 나오지 않는 경우 병원에서 제거하도록 한다.

10) 치아가 손상되었을 때

치아 손상은 다양한 사고 등에 의해 단독으로 발생하거나 다른 손상과 동반되어 발생하는 흔한 질환이다. 성인의 치아는 앞니 8개, 송곳니 4개, 작은 어금니 8개 그리고 큰어금니 12개로 총 32개의 영구치로 구성되어 있다. 치아는 대부분 상아질로 구성되어 있으며, 상아질은 신경과 혈관이 분포되어 있고 치수를 싸고 있는 중요한 구조물이다. 이처럼 치아 자체가 신경조직으로 분포하고 있어 가벼운 손상만으로도 다양한 통증을 호소한다.

또한 환자가 자주 사용하는 구강 내에 위치해 있어 감염의 위험성이 많기 때문에 신속하고 적절한 처치가 없을 경우 심각한 합병증과 후유증을 야기할 수 있다.

(1) 응급처치

① 치아가 빠졌을 때

㉠ 빠진 치아를 최대한 빨리 찾아서 치아의 뿌리 부분인 치근을 만지지 말고 치아의 머리 부분인 치관을 잡아 흐르는 찬물에 가볍게 헹구어준다. 치근을 문지를 경우 치아 재이식을 돕는 치주인대 세포가 손상될 수 있으므로 문질러 헹구지 않는다.

㉡ 헹군 치아가 깨끗할 경우 상실한 자리에 밀어 넣고 빨리 치과를 방문한다. 치아를 잇몸에 밀어 넣지 못할 때에는 냉장우유나 생리식염수, 수돗물에 담가 치아가 마르지 않도록 한 뒤에 치과로 이동한다. 이런 방법이 모두 불가능한 경우에는 입 안에 치아를 넣고 침을 이용하여 치아가 마르지 않도록 한다.

㉢ 2시간 이내에 치과 처치를 받으면 치아를 되살릴 가능성이 높다. 그러나 시간이 오래 흐르거나 치아의 뿌리가 건조해지면 치아를 되살리기 어려워진다.

㉣ 치아 재생을 위해서 2~4주 동안 고정 치료를 한다. 빠진 치아를 끼워 넣고 옆에 있는 튼튼한 치아에 함께 고정한다. 고정 치료 기간 동안에는 딱딱하거나 질긴 음식은 피하고 부드러운 음식을 섭취한다.

② 치아에 금이 가거나 부러졌을 때

㉠ 보일 듯 말 듯 금이 간 정도이고 흔들리지 않으면 시간을 두고 관찰한다. 육안으로 금이 보이거나 치아를 두들기거나 꽉 깨물 때 시리고 아픈 증상이 나타나면 바로 치료하여 상처가 더 이상 확대되지 않도록 한다.

㉡ 치아 외부(법랑질)만 부분적으로 깨지거나 살짝 금이 간 경우에는 깨진 부위를 갈아서 부드럽게 만들어주거나 필요할 경우 레진 충전으로 수복 가능하지만, 치아가 많이 깨지고 치아 내부 신경이 손상된 경우는 신경치료와 파절된 치관 부분을 수복하는 치료를 한다.

㉢ 치아의 뿌리에 금이 갔다면 8주 이상 고정하여 재생 여부를 확인하는데 성공률이 그다지 높지 않아 치아를 뽑아야 하는 경우가 많다.

Chapter 07

기본소생술

1. 급성 심장정지

1) 급성 심장정지란?

급성 심장정지는 혈액을 순환시키는 심장기능이 갑자기 정지되어 신체기능이 정상적으로 작동하지 않는 상태로 즉시 치료되지 않으면 사망에 이르게 되는 질환이다.

2) 원인

급성 심장정지는 다양한 원인에 의해서 발생한다. 성인 급성 심장정지의 대부분은 심장 자체의 원인에 의해서 발생하며 이 중 60~85%가 급성심근경색증에 의해 일어난다. 그러나 소아에서 급성 심장정지의 대부분은 성인의 급성 심장정지의 원인과 다르게 호흡 정지에 의해 발생한다.

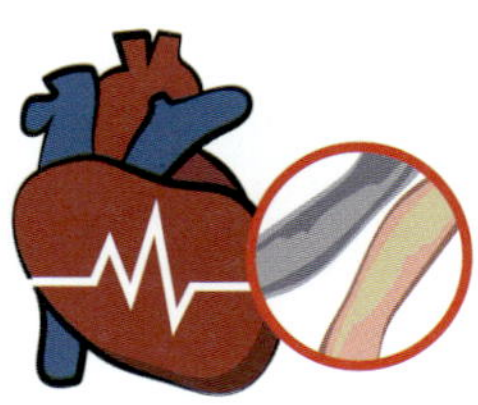

급성심근경색증

질 식

익수사고

알레르기반응

감전 사고

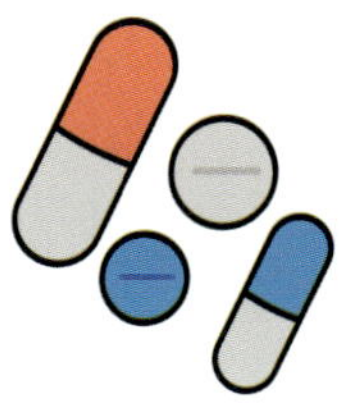

약물중독

외 상

편측마비

3) 생존율

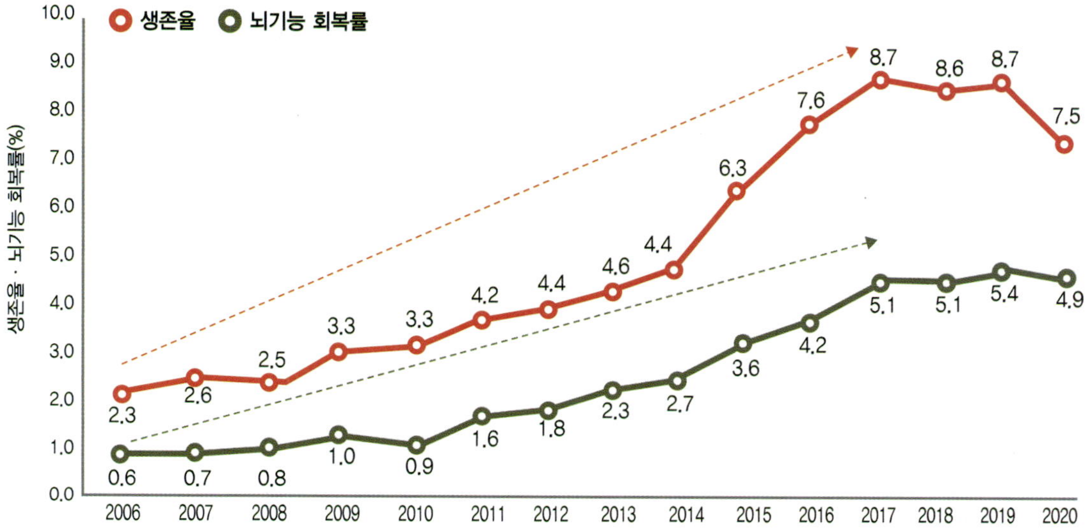

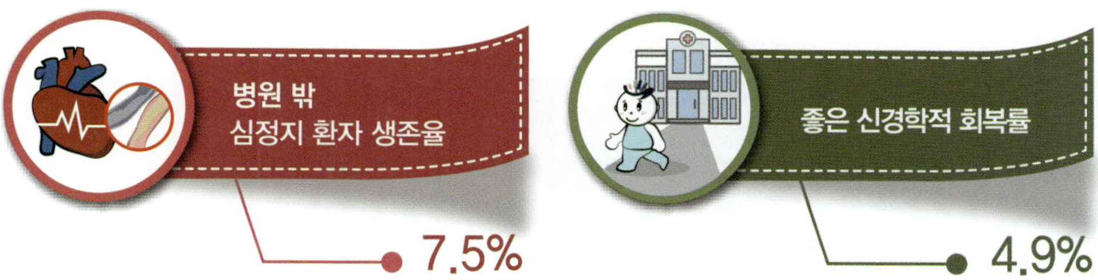

출처 : 급성 심장정지 발생현황(2020)

4) 발생 장소

심정지 발생 장소 80% 정도가

가정과 공공장소

출처 : 질병관리청(2018)

5) 골든타임

급성 심장정지 발생 후 1분 이내 심폐소생술을 시행하면 환자의 생존 가능성은 97%까지 높아진다.

4분 이내에 심폐소생술과 심장충격기를 함께 시행 하면 생존율을 3~4배 이상 높일 수 있다.

6) 목격자 심폐소생술 시행률

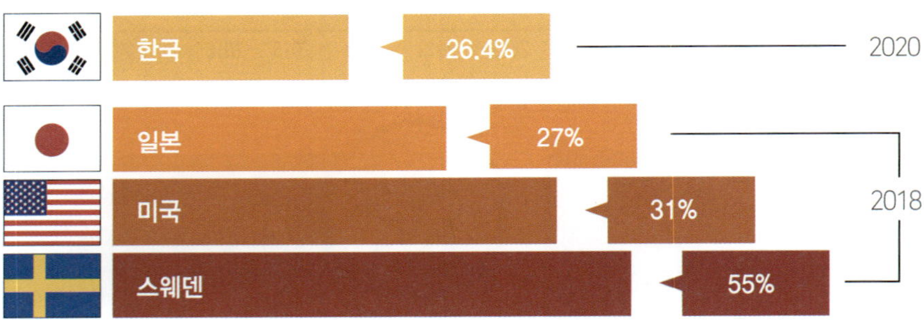

출처 : 급성 심장정지 발생현황(2020)

7) 목격자 심폐소생술의 중요성

급성 심장정지 환자에게 심폐소생술을 시행했을 때 결과에 가장 큰 영향을 미치는 요소는 심정지 발생 후 첫 1~3분 안에 얼마나 빨리, 얼마나 고품질의 심폐소생술이 환자에게 제공되는가에 달려 있다. 목격자 심폐소생술이 빠르게 시행되면 분당 3~4% 정도로 생존 가능성이 높아진다.

2. 심폐소생술

1) 심폐소생술이란?

정지된 심장과 뇌에
산소가 포함된 혈액을 공급해주는 아주 중요한 응급처치를 말한다.

가슴압박 30회

인공호흡 2회

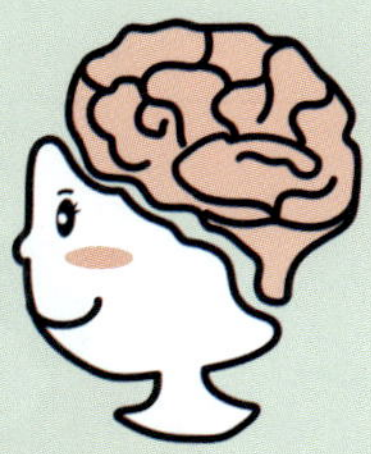

심정지 시간과 예후

10분

2) 대상별 심폐소생술

(1) 성인 심폐소생술

① 심정지 원인 및 특징

만 8세 이상부터 성인으로 구분하며, 성인 심정지의 대표적인 원인은 급성 심근경색증이다.

급성심근경색증

㉠ 불편한 흉부압박감
㉡ 가슴이 꽉 차는 듯한 느낌
㉢ 가슴을 누르는 듯한 느낌
㉣ 쥐어짜는 듯한 느낌
㉤ 가슴 중앙부 통증이 수분 이상 지속되거나 등, 어깨, 팔로 방사하는 경우
㉥ 흉부 불편감과 두통, 실신, 발한, 오심 및 호흡 곤란이 유발되는 경우

② 가슴압박 정확한 위치

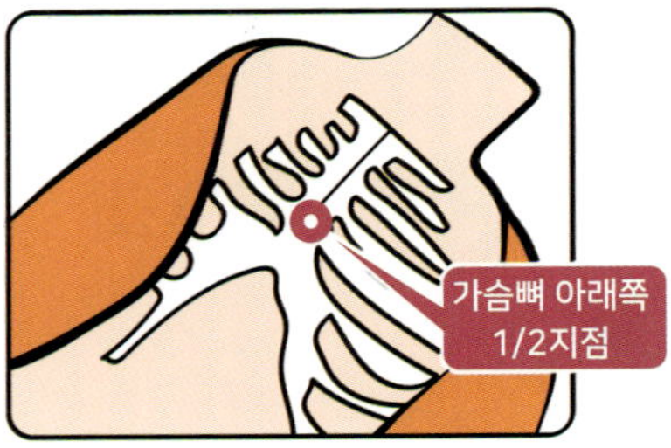

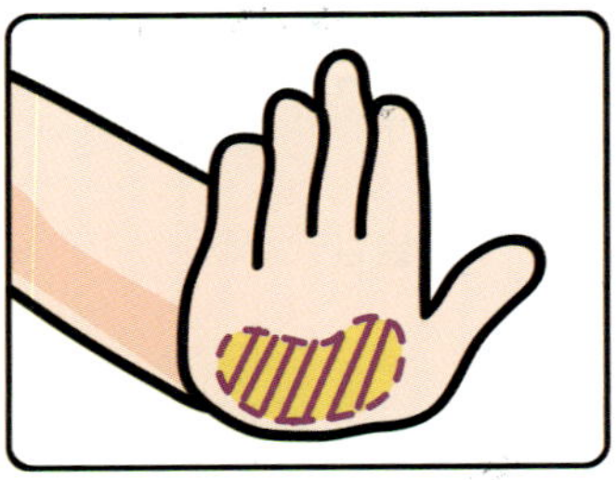

심정지 환자의 가슴뼈 상단(흉골상패임)과 하단의 가운데를 확인한 뒤 구조자의 양손을 가슴뼈 아래쪽 1/2 지점 중앙에 위치한다.

③ 가슴압박 자세

구조자는 한쪽 손바닥을 가슴뼈의 압박 위치에 대고 그 위에 다른 손바닥을 평행하게 겹쳐 두 손으로 압박한다. 손가락은 펴거나 깍지를 껴서, 손가락 끝이 가슴에 닿지 않도록 한다. 팔꿈치를 펴서 팔이 수직을 이룬 상태로 체중을 이용하여 압박한다.

④ 심폐소생술 순서

㉠ 깨우고

ⓐ 현장 안전을 확인한다.

ⓑ 양쪽 어깨를 가볍게 두드리며 "괜찮으세요?"라고 소리쳐서 반응을 확인한다.

ⓒ 반응이 없으면 심정지 상태로 판단한다.

㉡ 알리고

ⓐ 반응이 없으면 즉시 119에 신고하고 자동심장충격기를 요청한다.

ⓑ 119 신고 시 응급의료전화상담원이 전화로 알려주는 내용을 효율적으로 시행하기 위해 스피커폰으로 전환한다.

㉢ 확인하고

ⓐ 호흡을 확인한다.

ⓑ 호흡 확인은 얼굴, 가슴, 배 순으로 10초 이내로 한다.

㉣ 누르고

ⓐ 위치 : 가슴뼈 아래쪽 1/2 지점

ⓑ 속도 : 분당 100~120회

ⓒ 깊이 : 약 5cm

ⓓ 가슴압박 : 30회

㉤ 기도유지 열기

ⓐ 머리기울림-턱 들어올리기 방법으로 기도를 개방한다.
방법 : 한 손으로 환자의 머리가 뒤로 기울어지게 하면서, 다른 손의 손으로 아래턱의 뼈 부분을 머리 쪽으로 들어올림으로써 기도가 열리도록 하는 방법이다.

㉥ 2회 입-입 인공호흡

ⓐ 구조자는 평상 시 호흡과 같은 양을 들이쉰 후에 환자의 입을 통하여 1초에 걸쳐서 숨을 불어넣는다.

ⓑ 각각의 숨을 불어 넣은 후에는 입을 떼고 코를 놓아 주면서 공기가 배출되도록 한다. 많은 양의 공기는 생존율을 감소시키므로 오히려 해가 된다.

㉦ 가슴압박과 인공호흡 반복 시행

ⓐ 인공호흡을 할 수 있는 구조자는 인공호흡이 포함된 심폐소생술을 시행하도록 한다.

ⓑ 가슴압박과 인공호흡을 모두 하는 경우에는 가슴압박을 30회 한 후 인공호흡을 2회 연속하는 과정을 반복한다.

ⓒ 다른 구조자가 있는 경우에는 2분마다 가슴압박(또는 가슴압박과 인공호흡)을 교대한다.

(2) 소아 심폐소생술

① 심정지 원인 및 특징

만 1세부터 만 8세 미만은 소아로 구분하며, 소아 심폐소생술 절차는 성인과 같다. 하지만 소아와 영아는 체구가 작고, 심정지 유발 원인이 성인과 다르기 때문에 심폐소생술의 방법에도 약간의 차이가 있다. 심정지가 발생한 소아 환자에서는 주로 무수축이 발생하며 심실세동의 빈도는 성인에 비하여 낮다. 소아에는 심장질환에 의한 심정지보다는 호흡성 심정지가 많기 때문이다. 소아 심정지 환자를 치료할 때에는 심장충격기보다는 심폐소생술과 인공호흡을 우선적으로 한다. 그러나 구조자가 인공호흡을 꺼려하거나 서툰 경우에는 가슴압박소생술을 권장한다. 하지만 명료한 의식 상태를 보이던 아이의 급격한 의식 소실을 목격했다면 호흡의 문제보다 심장의 문제가 클 가능성이 높기 때문에 제세동기 사용을 우선적으로 고려하는 것이다.

② 가슴압박 정확한 위치(성인과 동일)

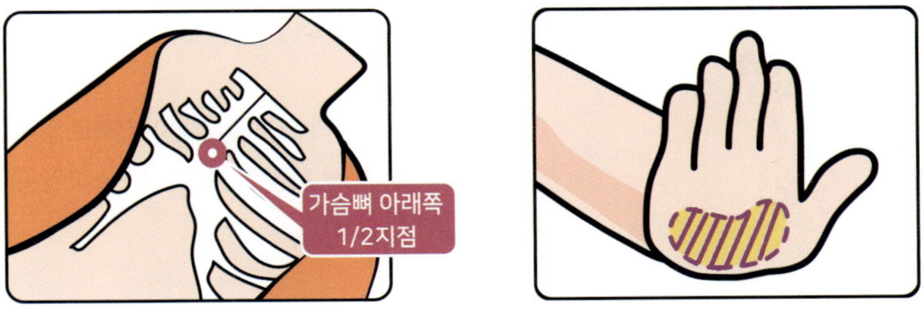

심정지 환자의 가슴뼈 상단(흉골상패임)과 하단의 가운데를 확인한 뒤 구조자의 손꿈치를 가슴뼈 아래쪽 1/2 지점의 중앙에 위치한다.

③ 가슴압박 자세

구조자는 한쪽 손바닥을 가슴뼈의 압박 위치에 대고 한손 또는 두손으로 압박한다. 손가락은 편 상태로, 손가락 끝이 가슴에 닿지 않도록 한다. 팔꿈치를 펴서 팔이 수직을 이룬 상태로 체중을 이용하여 압박한다. 단, 환자의 체격이 크거나, 구조자가 힘들어 고품질의 가슴압박을 할 수 없는 경우 성인과 동일하게 양손을 이용하여 가슴압박을 할 수 있다.

④ 심폐소생술의 순서

㉠ 깨우고

ⓐ 현장이 안전한 상황인지 확인한다.

ⓑ 양쪽 어깨를 가볍게 두드리며 "얘야 괜찮아?"라고 불러본다. 의식이 없는 소아가 숨을 헐떡이고 있거나 호흡이 없으면 일반 구조자는 심정지 상태로 판단한다.

㉡ 알리고

ⓐ 반응이 없으면 즉시 119에 신고하고 자동심장충격기를 요청한다.

ⓑ 119 신고 시 응급의료전화상담원이 전화로 알려주는 사항을 효율적으로 시행하기 위해서는 스피커 통화를 시행한다.

㉢ 확인하고

ⓐ 호흡을 확인한다.

ⓑ 호흡 확인은 얼굴, 가슴, 배 순으로 10초 이내로 한다.

㉣ 누르고

ⓐ 위치 : 가슴뼈(흉골)의 아래쪽 절반 1/2 지점

ⓑ 속도 : 분당 100~120회

ⓒ 깊이 : 4~5cm(흉곽 전후 직경의 적어도 1/3) 깊이

ⓓ 가슴압박 : 30회

ⓜ 기도유지 열기

ⓐ 머리기울림 - 턱들어올리기 방법으로 기도를 개방한다. 방법 : 한 손으로 환자의 머리가 뒤로 기울어지게 하면서, 다른 손으로 아래턱의 뼈 부분을 머리 쪽으로 들어올림으로써 기도가 열리도록 하는 방법이다.

ⓑ 2회 입-입 인공호흡

ⓐ 구조자는 평상 시 호흡과 같은 양을 들이쉰 후에 환자의 입을 통하여 1초에 걸쳐서 숨을 불어넣는다.

ⓑ 각각의 숨을 불어 넣은 후에는 입을 떼고 코를 놓아주면서 공기가 배출되도록 한다. 많은 양의 공기는 생존율을 감소시키므로 오히려 해가 된다.

ⓢ 가슴압박과 인공호흡 반복 시행

ⓐ 구조자 수와 관계없이 가슴압박과 인공호흡의 비율은 30:2로 실시한다.

ⓑ 2명 이상의 구조자의 경우에는 역할을 나누어 먼저 한 명은 가슴압박을 30회 실시하고, 다른 한 명은 2회의 인공호흡을 실시한다.

ⓒ 2분간 30:2로 5주기 실시 후 역할을 교대한다.

(3) 영아 심폐소생술

① 심정지 원인 및 특징

만 1세 미만까지를 영아로 구분하며, 영아는 소아 심정지처럼 호흡성 심정지가 많기 때문에 심장충격보다는 심폐소생술과 인공호흡을 우선적으로 고려하지만, 소아 심폐소생술과는 위치와 자세에서 차이가 있다.

② 가슴압박 정확한 위치

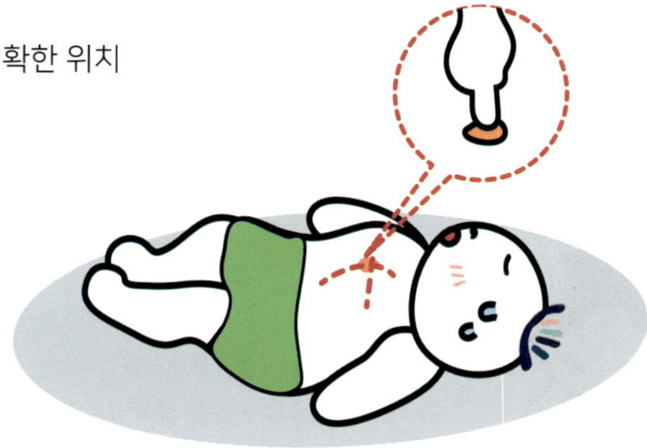

두 손가락을 양쪽 젖꼭지 연결선 바로 아래 가슴뼈에 위치한다. 칼돌기와 갈비뼈를 압박하지 않도록 조심한다.

③ 가슴압박 자세

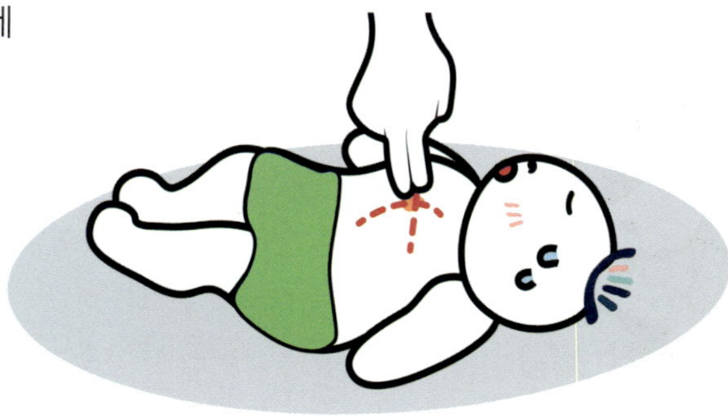

2, 3번째 손가락 또는 3, 4번째 손가락을 사용하여 가슴의 정확한 위치에 올린 후 직각으로 압박을 실시한다.

④ 심폐소생술의 순서

㉠ 깨우고

ⓐ 현장이 안전한 상황인지 확인한다.

ⓑ 발바닥을 가볍게 두드리며 "아가야 괜찮니?"라고 불러본다. 의식이 없는 환아가 숨을 헐떡이고 있거나 호흡이 없으면 일반 구조자는 심정지 상태로 판단한다.

㉡ 알리고

ⓐ 반응이 없으면 즉시 119에 신고하고 자동심장충격기를 요청한다.

ⓑ 119 신고 시 응급의료전화상담원이 전화로 알려주는 사항을 효율적으로 시행하기 위해서는 스피커 통화를 시행한다.

㉢ 확인하고

ⓐ 호흡을 확인한다.

ⓑ 호흡 확인은 얼굴, 가슴, 배 순으로 10초 이내로 한다.

㉣ 누르고

ⓐ 위치 : 양쪽 젖꼭지 연결선 바로 아래 가슴뼈

ⓑ 속도 : 분당 100 ~120회

ⓒ 깊이 : 약 4cm(흉곽 전후 직경의 적어도 1/3) 깊이

ⓓ 가슴압박 : 30회

ⓜ 기도유지 열기

ⓐ 머리기울림-턱 들어올리기 방법으로 기도를 개방한다. 방법: 한 손으로 환자의 머리가 뒤로 기울어지게 하면서, 다른 손으로 아래턱의 뼈 부분을 머리 쪽으로 들어 올림으로써 기도가 열리도록 하는 방법이다.

ⓑ 2회 입-입 인공호흡

ⓐ 구조자는 평상 시 호흡과 같은 양을 들이쉰 후에 환자의 입을 통하여 1초에 걸쳐서 숨을 불어넣는다.

ⓑ 각각의 숨을 불어 넣은 후에는 입을 떼고 코를 놓아 주면서 공기가 배출되도록 한다. 많은 양의 공기는 생존율을 감소시키므로 오히려 해가 된다.

ⓢ 가슴압박과 인공호흡 반복 시행

ⓐ 구조자 수와 관계없이 가슴압박과 인공호흡의 비율은 30:2로 실시한다.

ⓑ 2명 이상의 구조자의 경우에는 역할을 나누어 먼저 한 명은 가슴압박을 30회 실시하고, 다른 한 명은 2회의 인공호흡을 실시한다.

ⓒ 2분간 30:2로 5주기 실시 후 역할을 교대한다.

(4) 대상별 심폐소생술 비교

	성인	소아	영아
압박 위치	가슴뼈 아래쪽 1/2 지점		양쪽 젖꼭지 연결선 바로 아래 가슴뼈
압박 방법	한손 바닥의 손꿈치를 올려놓고 그 위에 다른 손을 겹침(소아: 한손으로도 가능)		2·3번째 손가락 또는 3·4번째 손가락
압박 깊이	약 5cm	4 ~ 5cm (가슴 두께의 최소 1/3 이상)	약 4cm (가슴 두께의 최소 1/3 이상)
압박 속도	분당 100 ~ 120회		
압박 : 인공호흡	30 : 2		
가슴압박소생술	가슴압박만 지속적으로 실시		

3) 가슴압박소생술

(1) 가슴압박소생술이란?

가슴압박소생술은 가슴압박과 인공호흡을 함께 하는 심폐소생술과 달리 인공호흡은 하지 않고 가슴압박만을 시행하는 심폐소생술이다. 심장성 급성 심장정지와 같이 저산소증이 없는 상태에서 갑자기 심정지가 발생하면, 심정지의 발생 초기에는 혈중의 산소 농도가 급격히 감소하지 않고 수 분간 유지된다.

또한 가슴압박소생술은 인공호흡을 하지 않고 지속적으로 가슴압박만 시행하기 때문에 가슴압박의 중단을 최소화함으로써 관상동맥관류압을 지속적으로 유지하는 것이 가능하다. 따라서 심정지의 초기에는 인공호흡이 반드시 필요하지 않을 수 있다.

(2) 과학적 근거

30:2

가슴압박만

2015년 개정 가이드라인에서는 '일반인에게 가슴압박 소생술만 실시'하도록 권고하고 있다. 이유는 가슴압박이 지연되면 오히려 소생률이 저하돼 소중한 생명을 잃을 위험이 있기 때문에 신속히 가슴압박소생술을 시작하는 것이 더 중요하다고 판단되기 때문이다. 동물실험에서는 가슴압박만으로 가슴압박과 인공호흡을 병행한 것과 같은 소생률을 보인다는 근거가 확보됐으며, 인체대상으로는 NEJM(New England Journal of Medicine)에서 심정지 후 가슴압박 소생술만 시행한 군과 가슴압박+인공호흡을 같이 시행한 군이 생존 퇴원율에 차이가 없었다는 사실이 최초로 밝혀졌다. 이후 일련의 연구들이 비슷한 결과를 보이면서 미국, 유럽에서는 'hands only CPR'이란 명칭으로 알려지게 됐고, 2015년 가이드라인에 공식 반영되었다.

② 가슴압박소생술 순서

㉠ 깨우고

ⓐ 현장 안전을 확인한다.

ⓑ 양쪽 어깨를 가볍게 두드리며 "괜찮으세요?"라고 소리쳐서 반응을 확인한다.

㉡ 알리고

ⓐ 반응이 없으면 즉시 119에 신고하고 자동심장충격기를 요청한다.

ⓑ 119 신고 시 응급의료전화상담원이 전화로 알려주는 내용을 효율적으로 시행하기 위해 스피커폰으로 전환한다.

㉢ 확인하고

ⓐ 호흡을 확인한다.

ⓑ 호흡 확인은 얼굴, 가슴, 배 순으로 10초 이내로 한다.

㉣ 누르고

ⓐ 위치 : 가슴뼈 아래쪽 1/2 지점

ⓑ 속도 : 분당 100 ~ 120회

ⓒ 깊이 : 약 5cm

ⓓ 가슴압박은 119구급대 도착 전까지 시행하거나 환자가 움직임을 보이기 전까지는 멈추지 않고 지속적으로 시행한다.

4) 심폐소생술 합병증

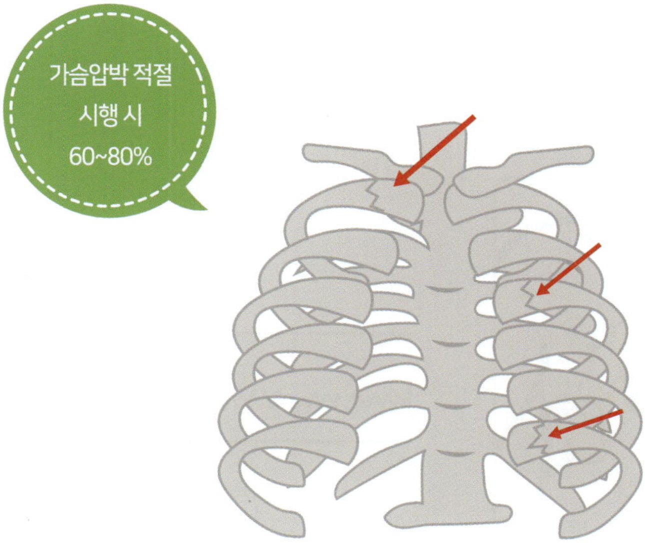

심폐소생술이 적절하게 시행되어도 가슴뼈와 갈비뼈 골절과 같은 합병증이 발생하며, 내부 장기의 손상이 동반될 수 있다. 실제로 심폐소생술 중 발생하는 심각한 손상 중 일부는 부적절한 심폐소생술로 인해 발생된다.

3. 자동심장충격기

1) 자동심장충격기(제세동기)란?

자동심장충격기는 말 그대로 외부에서 자동으로 심장에 전기충격을 주는 장비이다. 갑자기 발생하는 급성 심장정지의 대부분은 심실잔떨림(심실세동)에 의해 유발되며, 심실세동의 가장 중요한 치료는 전기충격(제세동)을 신속하게 시행하는 것이다.

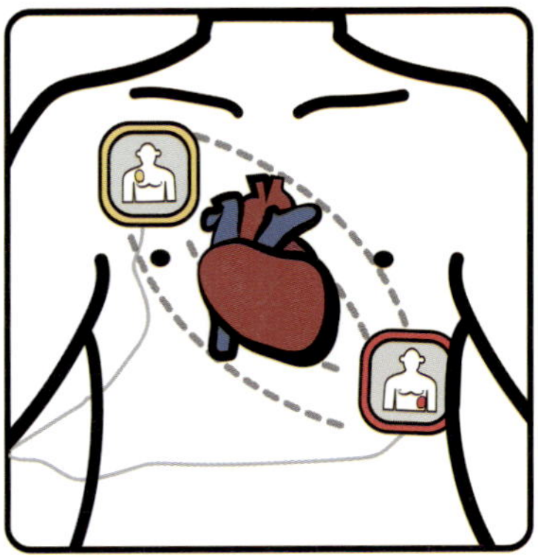

전기충격

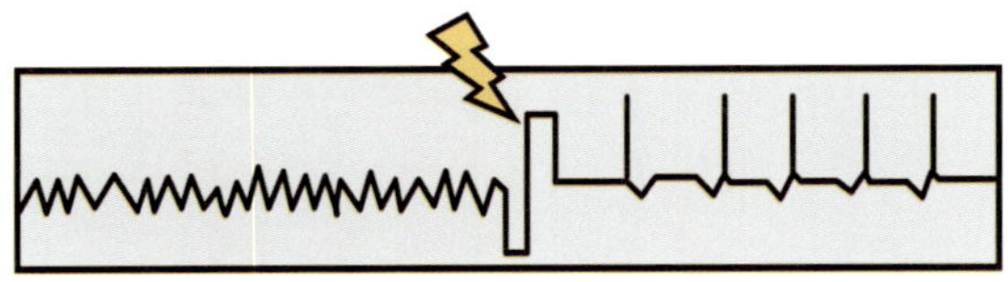

심실세동에 의한 심정지 환자 전기충격

2) 신속한 심장 전기충격의 중요성

시간 경과에 따른 전기충격의 성공률

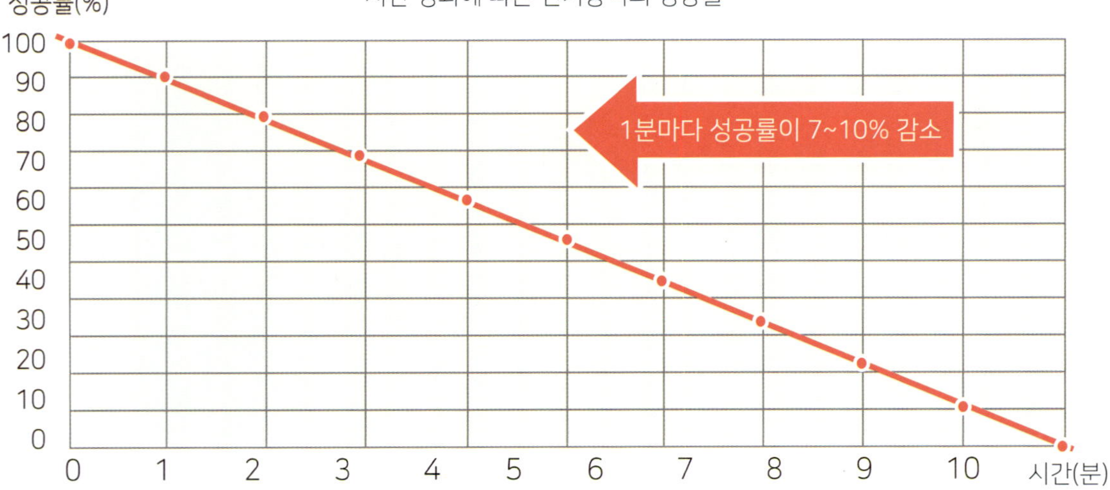

전기충격 성공률은 심실세동 발생 직후부터 1분 지연될 때마다 7~10%씩 감소한다고 알려져 있으므로 급성 심장 정지 현장에서 신속하게 시행되어야 한다.

3) 제세동기 종류

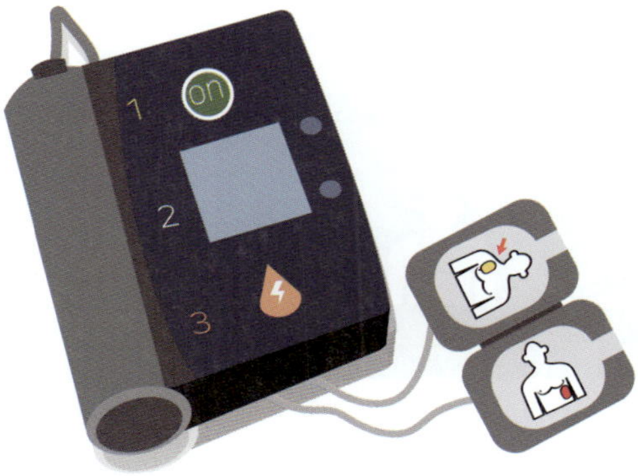

자동심장충격기

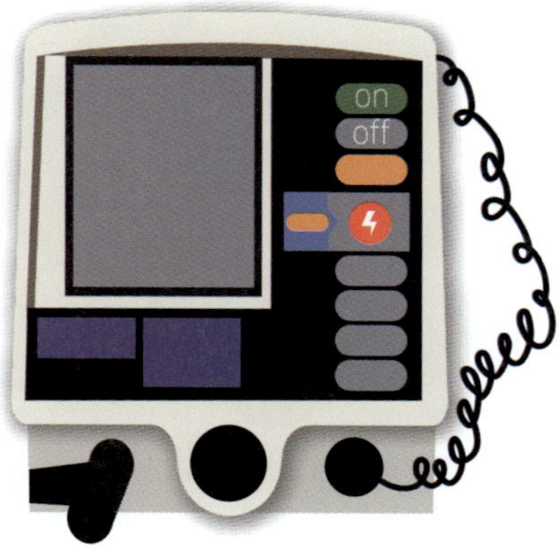

수동제세동기

제세동기의 종류는 의료인들이 사용하는 수동제세동기와 일반인이나 의료제공자들이 사용하는 자동심장충격기로 구분할 수 있다.

4) 자동심장충격기 종류

버튼형

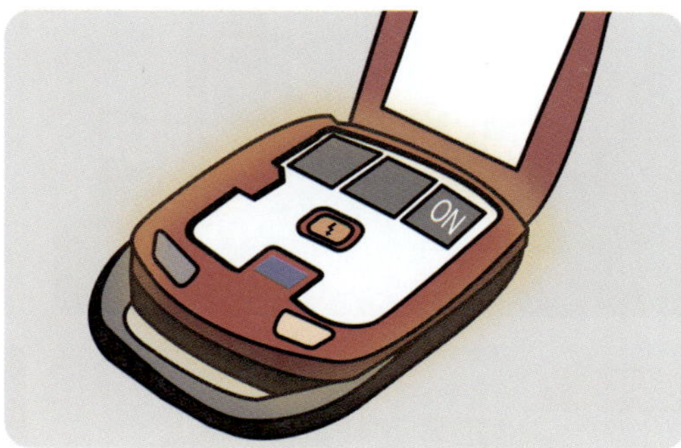

덮개형

자동심장충격기는 버튼을 누르면 전원이 켜지는 타입과 덮개를 열면 자동으로 전원이 켜지는 타입 두 종류로 나누어져 있다. 현재 우리나라에 보급되고 있는 대부분의 자동심장충격기는 전원 버튼을 누른 후 음성 지시에 따라 전기충격 시행 버튼까지 누르도록 안내하는 장비이다.

5) 자동심장충격기 구조

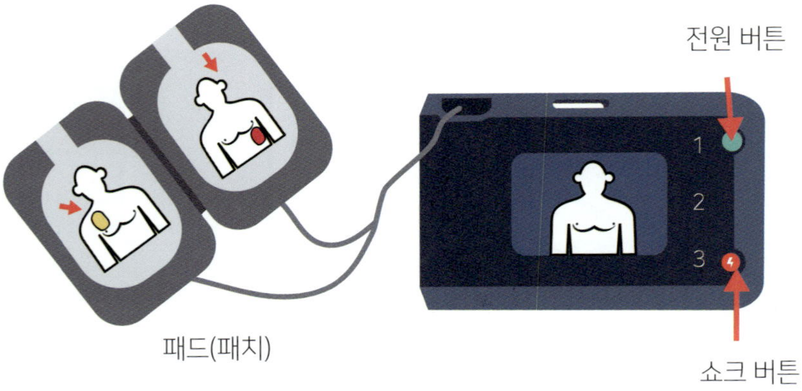

대부분의 자동심장충격기의 기본 구조는 전원 버튼, 쇼크 버튼, 패드(패치), 본체와 패드 연결 부위로 구성되어 있다. 최근에는 두 개의 패드가 자동심장충격기의 본체에 이미 연결된 형태의 자동심장충격기가 주로 보급되어 설치되고 있다.

6) 설치 장소

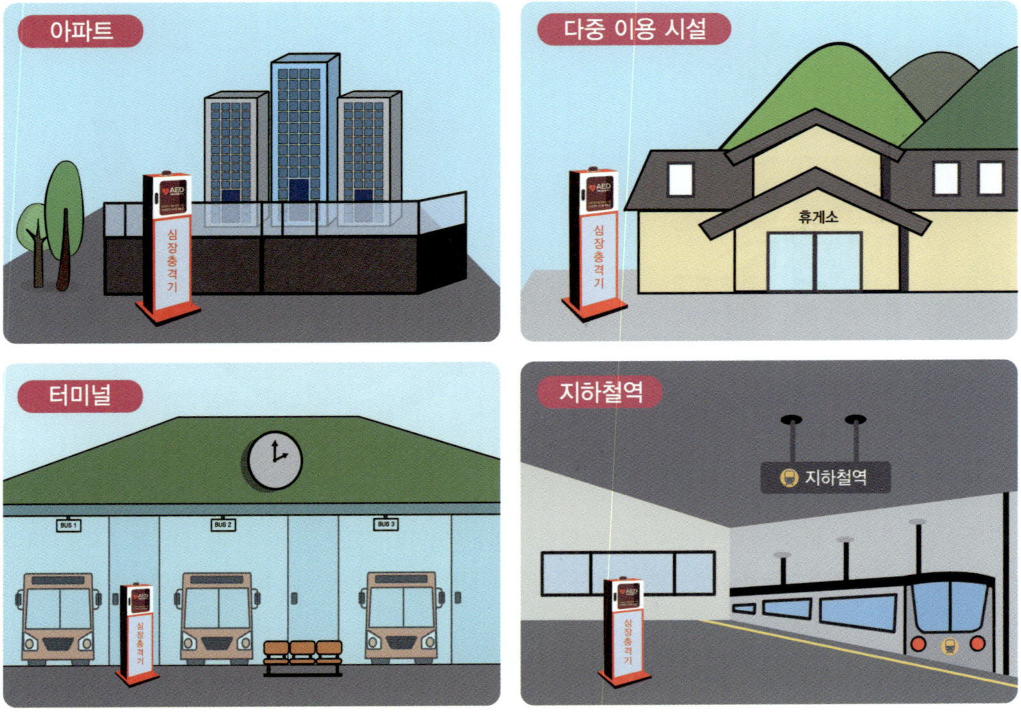

우리나라에서는 공공보건 의료기관, 구급차, 항공기, 철도차량, 20톤 이상인 선박, 500세대 이상의 공동주택, 다중이용시설에는 자동심장충격기를 설치할 것을 법으로 규정하고 있다.

7) 성인 자동심장충격기

(1) 사용법

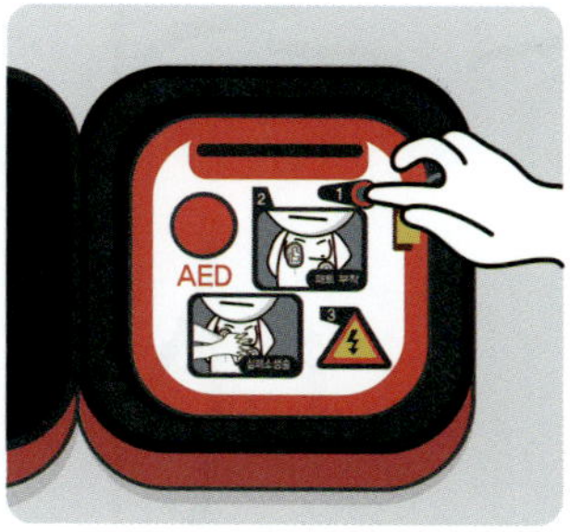

① 전원을 켠다.

㉠ 심폐소생술에 방해가 되지 않는 위치에 둔다.
㉡ 전원 버튼을 누른다.

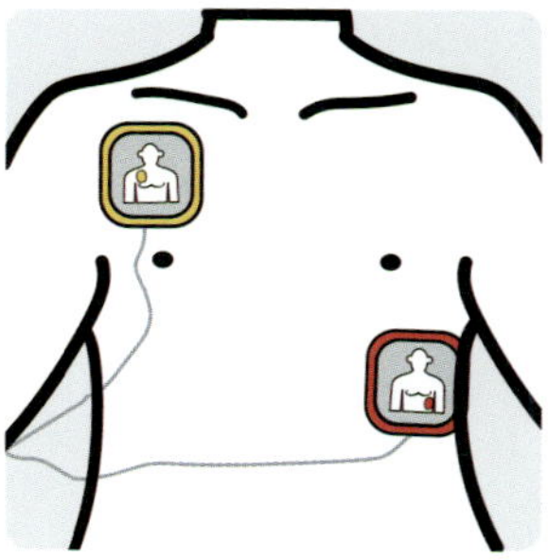

② 두 개의 패드를 부착한다.

㉠ 한 패드 : 오른쪽 빗장뼈 바로 아래에 부착한다.
㉡ 다른 패드 : 왼쪽 젖꼭지 아래의 겨드랑이 선에 부착한다.
㉢ 패드 부착위치가 기억나지 않을 땐 그림을 따라 붙인다.

③ 심장리듬을 분석한다.

㉠ "분석 중 접촉 금지" 안내 음성을 듣고 가슴압박 구조자에게 "물러나세요"라고 전달한다.
㉡ 구조자는 가슴압박을 중단한다.

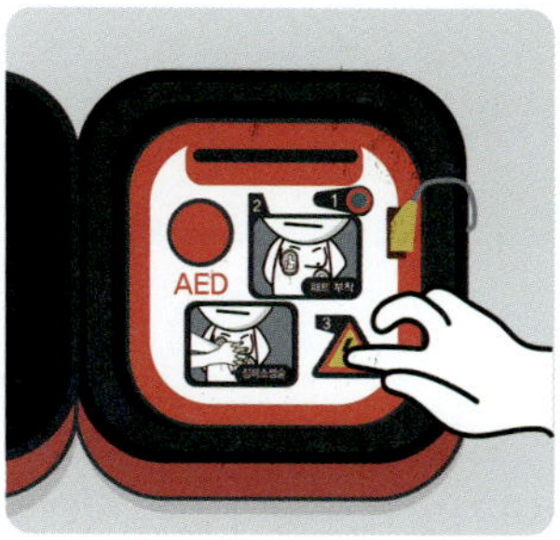

④ 전기충격을 실시한다.

㉠ "전기충격이 필요합니다. 모두 물러나세요." 안내 음성을 가슴압박 구조자에게 전달한다.
㉡ 모두 물러났는지 확인 후 전기충격 버튼을 누른다.
㉢ 감전에 주의한다.

주의점 : 사용방법은 자동심장충격기의 종류에 따라 약간의 차이가 있으나 기본적인 사용 원칙은 같다(안내 음성 지시를 따른다).

(2) 패드 부착 위치

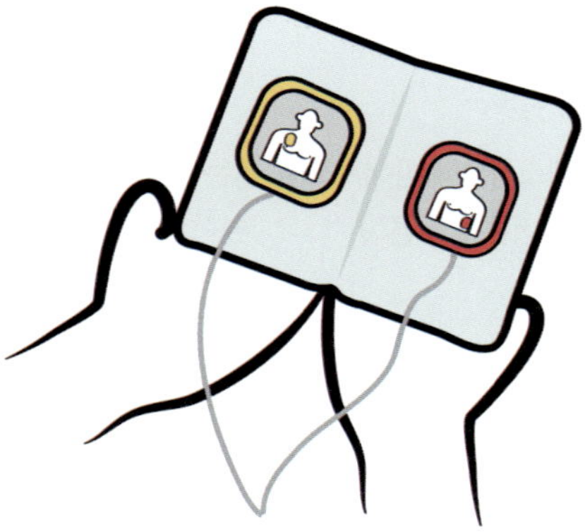

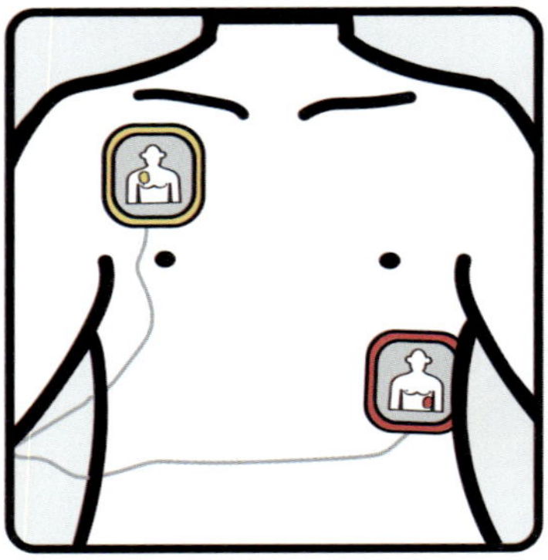

패드는 심장에 최대의 전류를 전달할 수 있는 위치에 부착되어야 한다. 한 패드를 오른쪽 빗장뼈 아래에 부착하고, 다른 패드는 왼쪽 젖꼭지 아래의 중간 겨드랑선에 부착하는 전외 위치법이 일반적으로 사용된다.

(3) 심장 리듬 분석의 의미

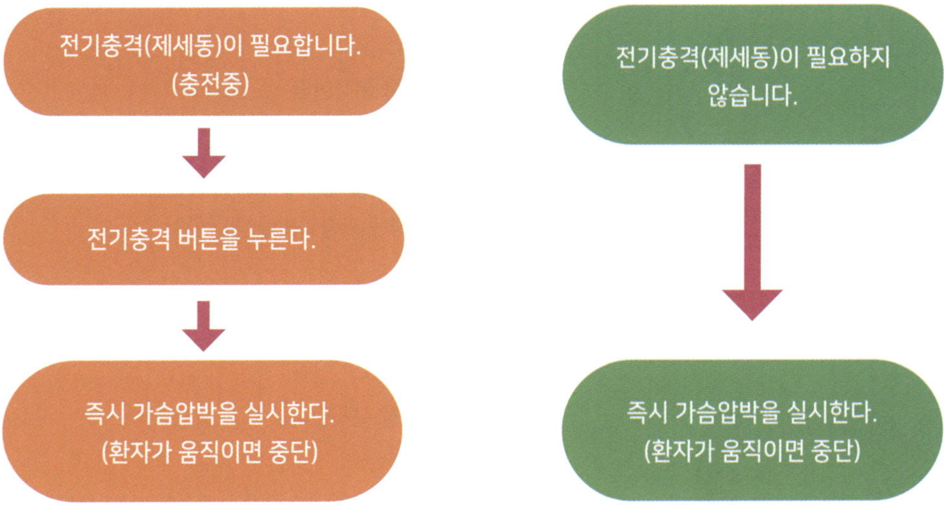

급성 심장정지 환자에서 "전기충격이 필요합니다." 라는 음성 메세지는 심장이 떨고 있는 상태를 의미하며, "전기충격이 필요하지 않습니다." 라는 음성 메시지는 심장이 자발적 운동이 없는 상태를 의미한다.

(4) 사용 시 주의사항

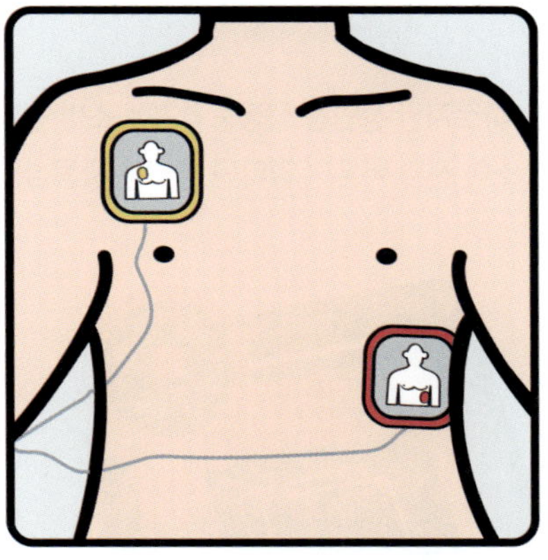

맨 가슴에 부착, 물기 제거

전기충격 시 접촉 금지

8) 소아 자동심장충격기

소아에게 자동심장충격기 사용법은 성인과 동일하지만, 전기의 양과 패드 부착 위치에 차이가 있다.

(1) 소아 자동심장충격기란?

소아 자동심장충격기는 제조사에 따라 구현하는 형태는 다르지만 성인용 심장충격기에 소아 전환 버튼이 있는 장비를 의미한다. 그러나 성인용 자동심장충격기에 소아 전환 버튼이 없다면 성인용 자동심장충격기를 소아에게 적용하면 된다.

(2) 패드 부착위치

체구가 작은 소아의 신체적 특성상 성인과는 다른 패드 부착법이 필요하다. 소아의 경우 가슴 정중앙과 날개뼈 사이에 패드를 부착하면 된다.

9) 영아 자동심장충격기

영아에게 자동심장충격기 사용법은 성인과 동일하지만, 전기의 양과 패드 부착위치와 같은 차이가 있다.

(1) 영아에게 적절한 자동심장충격기란?

1세 미만의 영아에게 적절한 자동심장충격기는 성인용 자동심장충격기를 소아용으로 변환시킨 뒤에 사용하는 것이 좋다. 그러나 소아용 패드나 소아 전환 버튼이 없다면 성인용 자동심장충격기를 그대로 사용한다.

(2) 패드 부착위치

영아의 신체적 특성상 성인과는 다른 패드 부착법이 필요하다. 영아의 경우 가슴 정중앙과 날개뼈 사이에 패드를 부착하면 된다.

10) 팀 소생술

(1) 팀 소생술이란?

팀 소생술이란 심폐소생술을 하고 있는 도중에 자동심장충격기를 함께 사용하는 것을 의미한다.

(2) 팀 소생술의 중요성

심폐소생술 시 2~3배 증가

전기충격 추가 시 4배 증가

급성 심장정지 환자에서 신속한 심폐소생술을 시행하면 생존율을 2~3배 증가시킬 수 있다. 심폐소생술 시행 중 심장충격기까지 적용하면 생존율을 4배 이상 증가시킬 수 있으므로 가능하다면 신속한 팀 소생술이 필요하다.

4. 기도 폐쇄

1) 기도 폐쇄란?

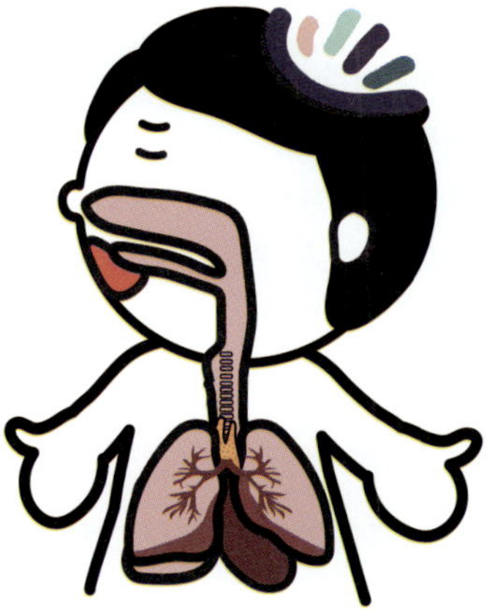

공기는 인후두부, 기관, 기관지 등의 통로를 거쳐 폐에 도달한다. 이러한 공기가 통하는 통로를 기도라고 하는데, 이것이 부분 혹은 전체적으로 폐쇄되는 것을 기도 폐쇄라 한다. 일반적으로는 좁은 의미로 상기도, 즉 인후두부와 기관의 급작스런 폐쇄를 의미하는 용어로 많이 사용되고 있다. 기관지 이하의 하부 기도에도 폐쇄가 나타날 수 있다.

2) 원인

① 음식물을 잘 씹지 않고 삼킬 경우
② 음식물을 먹다 크게 웃거나 말할 경우
③ 잘 삼키기 어려운 노인 환자일 경우
④ 음식물을 입안에 넣은 채로 뛰거나 걸을 경우
⑤ 물체를 삼켰을(동전, 단추, 장난감) 경우
⑥ 의치가 빠진 경우

성인의 경우 이물질에 의한 기도 폐쇄는 주로 음식물에 의한 경우가 많으며, 식사 전이나 식사 중 음주는 삼키는 것을 도와주는 신경 세포를 둔화시켜 음식이 막힐 가능성을 증가시킨다.

이물질에 의한 기도 폐쇄 이외에 알레르기반응, 세균이나 바이러스 감염, 화상, 화학 물질의 흡입으로 인한 손상, 종양이나 외상, 성대마비 등에 의해서도 기도 폐쇄를 일으킬 수 있다.

3) 증상

막힘증상(Choking sign)
① 말을 하거나 숨을 쉬지 못한다.
② 목을 부여 잡는다.
③ 얼굴, 손톱, 입술색이 파란색, 회색으로 Color change(청색증)가 있다.

가벼운 기도 폐쇄 (환기 상태 양호)	심각한 기도 폐쇄 (환기 상태 불량)
· 공기의 흐름이 원활함 · 의식이 있으며 말할 수 있음 · 힘있게 기침할 수 있음 · 기침 시 천명음이 있을 수 있음	· 공기의 흐름이 원할치 못함 · 기침을 못하거나 매우 약함 · 흡기 시 높은 잡음 / 무호흡음 · 청색증이 관찰됨 · 말을 할 수 없음 · Universal choking sign (V-sign)

4) 복부 밀어내기법

사람은 허파와 흉부의 압력 차이로 호흡이 이루어 진다. 복부 밀어내기법은 복부에 압박을 가해 폐에 압력을 높여 호흡이 빠져나가는 통로를 막고 있는 이물질이 밖으로 나가게끔 한다.

흉부는 늑골에 의해 변형이 불가능하기 때문에 정확한 압박점을 찾는게 중요하다.

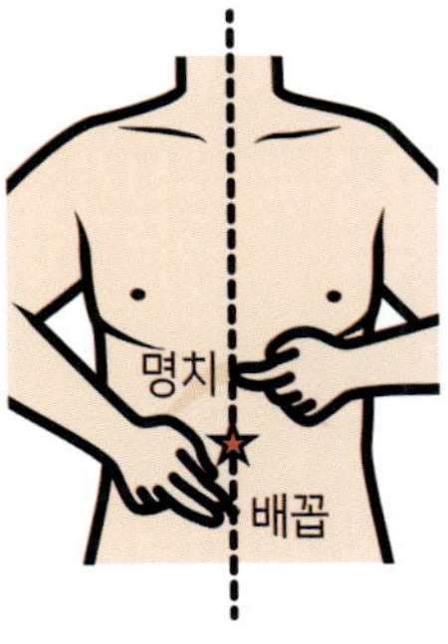

(1) 정확한 위치

① 배꼽과 명치 중간 위치에 주먹 쥔 손의 엄지손가락이 배에 닿도록 놓는다.
② 다른 한 손으로 주먹을 감싼다.

(2) 응급처치 자세

① 한쪽 다리는 환자의 다리 사이로, 다른 한쪽 다리는 뒤로 뻗어 균형을 잡는다.
② 팔에 강하게 힘을 주면서 환자 복부를 후상복부로 강하게 5회 당겨준다.

5) 대상별 응급처치

(1) 성인, 소아에서 가벼운 기도 폐쇄 응급처치

의식이 있는 1세 이상의 성인과 소아에서 가벼운 기도 폐쇄로 인식되면 다음과 같은 순서로 응급처치를 실시한다.

① 기도 폐쇄 확인
 ㉠ "목에 뭐가 걸렸나요"라고 물어본다.
 ㉡ 환자에게 자신이 도와주겠다고 말한다.

② 가벼운 기도 폐쇄 환자로 인식
 ㉠ 환자가 의식이 있고 말을 할 수 있으면 가벼운 기도 폐쇄로 인식하고 환자의 자발적인 기침과 숨을 쉬기 위한 노력을 방해하지 않도록 한다.

③ 지속 시 119에 신고
 ㉠ 지속적인 기침 후에도 이물질이 배출되지 않으면 119 신고를 한다.

(2) 성인, 소아에서 심각한 기도 폐쇄 응급처치

의식이 있는 1세 이상의 성인과 소아에서 심각한 기도폐쇄로 인식되면 다음과 같은 순서로 응급처치를 실시한다.

① 심각한 기도 폐쇄 확인
　㉠ "목에 뭐가 걸렸나요"라고 물어본다.
　㉡ 119에 신고한다.
　㉢ 환자가 말을 할 수 없고 청색증이 심하면 심각한 기도 폐쇄로 인식하고 자신이 도와주겠다고 말한다.

② 등 두드리기 실시
　㉠ 심각한 기도 폐쇄로 인식 후 즉시 5회 등 두드리기를 실시한다.

③ 위치 설정
　㉠ 환자를 뒤에서 감싸 안는다.
　㉡ 환자의 상복부 즉 배꼽과 명치 중간 부분에 주먹 쥔 손의 엄지손가락 쪽이 오도록 위치한다.

④ 주먹을 감쌈
　㉠ 다른 손으로 주먹 쥔 손을 감싼다.

⑤ 복부 밀어내기 실시
　㉠ 환자 복부를 후상복부(ㄴ자 방향)로 강하게 밀쳐 올린다.
　㉡ 5회 복부 밀어내기를 실시한다.

⑥ 반복 시행
　㉠ 기도 폐쇄의 징후가 해소되거나 환자가 의식을 잃기 전까지
　　5회 등 두드리기와 5회 복부 밀어내기를 반복 시행한다.

⑦ 이물질이 나오면 중단
　㉠ 이물질이 입 밖으로 빠져 나오면 복부 밀어내기를 중단한다.
　㉡ 환자가 괜찮아 보여도 가까운 병원으로 이송한다.
　　복부 밀어내기 시행 시 복강 내 장기 손상이 우려되기 때문이다.

(3) 성인, 소아에서 반응이 없는 경우 응급처치

의식이 없는 1세 이상의 소아와 성인에서 기도 폐쇄 응급처치는 다음과 같은 순서로 실시한다.

① 119 신고

㉠ 환자가 복부 밀어내기 응급처치 도중 의식을 잃고 쓰러진다면 환자를 조심스럽게 바닥에 눕힌 후 119에 신고한다.

② 30회 가슴압박 실시

㉠ 성인, 소아 심폐소생술 시 방법과 동일하게 실시한다.

③ 기도유지 열기

㉠ 머리 기울림-턱 들어올리기법으로 기도를 열어준다.

㉡ 구강 내 이물질을 확인하고 보이는 경우만 제거한다.

④ 2회 입-입 인공호흡

㉠ 2회의 인공호흡을 실시하며 가슴 상승을 확인한다.

㉡ 구조자 수와 관계없이 가슴압박과 인공호흡의 비율은 30:2로 2분간 실시한다.

㉢ 119 구급대가 올 때까지 반복 실시한다.

(4) 영아 기도폐쇄

① 주요 원인

· 포도알, 땅콩, 팝콘, 비타민 등의 음식물
· 계란 껍질, 캔 음료 뚜껑 등의 쓰레기
· 옷핀, 동전, 구슬 등의 생활용품
· 펜 뚜껑 등의 학용품
· 체중계 등에 쓰이는 동전 크기의 원형 건전지

② 등 두드리기법이란?

등두드리기란 영아의 머리를 아래로 한 후 가슴을 밀어내기와 등두드리기를 5회씩 반복하는 것을 의미한다.

1세 미만의 영아는 복부내 장기가 커 강한 압력을 사용하는 복부 밀어내기법을 실시하면 복부 내 장기 손상 우려가 있으므로 권장하지 않는다.

③ 정확한 위치

㉠ 한손으로는 환아의 턱을, 다른 손으로는 환아의 뒤통수를 감싸면서 천천히 안아 올린다.
㉡ 환아 턱을 잡은 쪽 허벅지 위에 머리가 아래를 향하도록 엎드려 놓는다.
㉢ 손바닥 밑 부분으로 등의 중앙부를 세게 5회 두드린다.

④ 영아에서 심각한 기도 폐쇄 응급처치

의식이 없는 1세 미만의 영아에서 심각한 기도 폐쇄 응급처치는 다음과 같은 순서로 실시한다.

㉠ 심각한 기도 폐쇄 인식

ⓐ 환아가 울면서 호흡을 못하고 기침, 소리를 내지 못한다면 심각한 기도 폐쇄로 인식해야 한다.

ⓑ 119에 신고 후 환아 보호자에게 자신이 도와주겠다고 말한다.

㉡ 5회 등 두드리기 실시

ⓐ 환아의 머리를 가슴보다 낮게 하고 얼굴이 아래를 향하게 한다.

ⓑ 한 손 손꿈치로 환아의 양쪽 어깨뼈 사이를 1초에 한 번씩 5회 강하게 친다. 환아가 떨어지지 않게 조심한다.

㉢ 5회 가슴 밀어내기 실시

ⓐ 구조자가 환아의 몸 전체를 뒤집어 환아 머리를 가슴보다 낮게 하고 얼굴이 위로 향하게 한다.

ⓑ 두 손가락으로 젖꼭지 연결선 바로 아래 가슴뼈를 1초에 한 번씩 5회 압박을 실시한다.

㉣ 반복 시행

ⓐ 이물질이 나올때 까지 또는 의식이 없어질 때까지 등 두드리기와 가슴 밀어내기를 반복 실시한다.

⑤ 영아에서 반응이 없는 경우 응급처치

의식이 없는 1세 미만의 영아에서 기도 폐쇄 응급처치는 다음과 같은 순서로 실시한다.

① 119 신고
- ㉠ 환아가 등두드리기 응급처치 도중 의식이 없어지면 조심스럽게 바닥에 눕힌 후 119에 신고를 한다.

② 30회 가슴압박
- ㉠ 영아 심폐소생술 시 방법과 동일하게 실시한다.

③ 기도유지 열기
- ㉠ 머리 기울림-턱 들어올리기법으로 기도를 열어준다.
- ㉡ 구강 내 이물질을 확인하고 보이는 경우만 제거한다.

④ 2회 인공호흡
- ㉠ 2회의 인공호흡을 실시하며 가슴 상승을 확인한다.
- ㉡ 구조자 수와 관계없이 가슴압박과 인공호흡의 비율은 30:2로 2분간 실시한다.
- ㉢ 119 구급대가 올 때까지 반복 실시한다.

5) 대상별 응급처치 요약

구 분	반 응	응급처치	
성인, 소아	반응이 있는 경우	가벼운 기도 폐쇄	기침유도
		심각한 기도 폐쇄	5회 등 두드리기와 5회 복부 밀어내기
	반응이 없는 경우	심폐소생술(C-A-B)	
영아	반응이 있는 경우	등 두드리기와 흉부 밀어내기	
	반응이 없는 경우	심폐소생술(C-A-B)	

가벼운 기도 폐쇄 응급처치는 스스로 기침을 할 수 있다면 기침과 재채기로 이물질을 제거하도록 한다. 이때 등을 두드리지 않는다. 이물질이 더 깊숙이 내려가 완전 기도 폐쇄가 될 수 있으므로 주의한다.

6) 특수상황에서 기도 폐쇄 응급처치

(1) 특수상황

① 임산부 혹은 비만자인 환자

복부 밀어올리기 법을 시행하지 않고, 등 뒤에서 CPR 압박점 위치를 가슴을 압박하는 방법으로 기침을 유도하여 이물질을 제거 한다.

② 혼자서 음식 섭취 시 기도 폐쇄

배꼽을 탁자나 의자의 모서리에 대고 강하게 위로 압박을 하여 기침을 유발한다.

(2) 임산부나 비만자의 심각한 기도 폐쇄 응급처치

① 심각한 기도 폐쇄 환자로 인식

㉠ "목에 뭐가 걸렸나요"라고 물어본다.

㉡ 환자가 말을 할 수 없고 청색증이 심하면 심각한 기도 폐쇄로 인식하고 119에 신고 후 자신이 도와주겠다고 말한다.

② 등 두드리기 실시

㉠ 심각한 기도 폐쇄로 인식 후 즉시 5회 등 두리기를 실시한다.

② 가슴 밀어내기 실시

㉠ 환자의 뒤에 서서 환자 겨드랑이 아래 부위에 팔을 넣어 가슴을 감싸 안는다.

㉡ 주먹 쥔 손의 엄지손가락 쪽이 환자의 젖꼭지 사이 가슴뼈 중앙에 오도록 한다.

㉢ 다른 손으로 주먹 쥔 손을 감싸고 환자의 등쪽으로 빠르게 5회 압박한다.

부록

재난 안전

1. 재난의 정의

1. 재난이란?

재난(disaster)이라는 용어는 원래 별의 불길한 모습을 상징하는 라틴어에서 유래한 것으로 "하늘로부터 비롯된 인간의 통제가 불가능한 해로운 영향"으로 풀이한다. 재난(disaster)의 어원을 분석하면, dis는 어원상 분리, 파괴, 불일치의 뜻이며, aster는 라틴어로 astrum 또는 star라는 것을 의미한다. 즉 **"재난"이라 함은 국민의 생명·신체 및 재산과 국가에 피해를 주거나 줄 수 있는 것으로 정의한다.**

(재난 및 안전관리기본법 제3조 1항)

2. 재난관련용어

1) 다수사상자사고

동시에 다수의 사상자가 발생하였거나, 발생할 우려가 있어 응급의료의 제공을 위해 별도의 의료적 조치가 필요한 사건 · 사고를 말한다.

2) 재난의료지원팀 (Disaster Medical Assistance Team : 이하 'DMAT')

재난 등의 발생 시 의료지원을 위하여 사전 또는 사후에 조직된 의료팀으로서, "권역 DMAT"은 특정 지역 단위에서 조직된 DMAT을, "중앙 DMAT"은 국가 단위에서 조직된 DMAT을 말한다.

3) 신속대응반

재난 등의 발생 시 신속한 현장의료대응을 위해 보건소장이 구성하여 운영하는 조직을 말한다.

4) 재난거점병원

재난 등의 발생 시 현장에 재난의료지원팀 파견이 가능하고 다수의 환자수용이 가능하도록 예비병상 전문인력 · 재난의료지원물품 등이 준비된 의료기관으로서 보건복지부장관이 정하는 기관을 말한다.

2. 재난 발생 이론

1. 하인리히 사고연쇄반응 이론

1931년 허버트 윌리엄 하인리히가 재해가 일어나는 단계를 5단계로 구분하여 제시한 것으로 재해 발생 과정을 도미노 이론을 인용하여 사고의 연쇄 과정을 설명한 것이다. 상호 밀접한 관계가 있는 도미노 5개를 세워 놓았을 때, 그 중 하나의 도미노가 넘어지면 이로 인하여 나머지 도미노가 연쇄적으로 넘어지면서 재해가 일어나는 것을 설명한다.

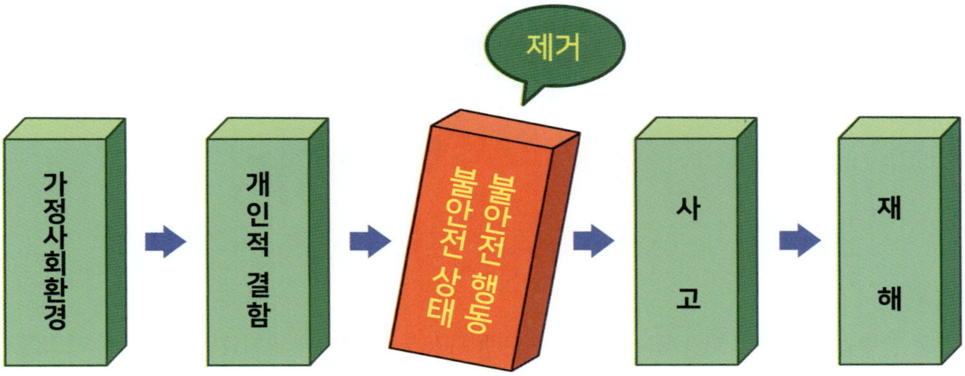

2. 버드 사고연쇄반응 이론

프랭크 버드 주니어가 하인리히와는 다른 변형된 사고연쇄반응 이론을 제안한 것으로 이 모델에서 제시하는 것은 재해는 근본적으로 관리의 문제이고, 사고 전에는 항상 사고가 발생할 전조(직접 원인)가 나타난다고 보았다. 즉 하인리히 도미노 이론에서는 직접 원인을 제거하면 재해가 일어나지 않는다고 설명하고 있는데 반해 버드의 연쇄반응 이론에서는 기본 원인의 제거가 중요하다고 주장하였다.

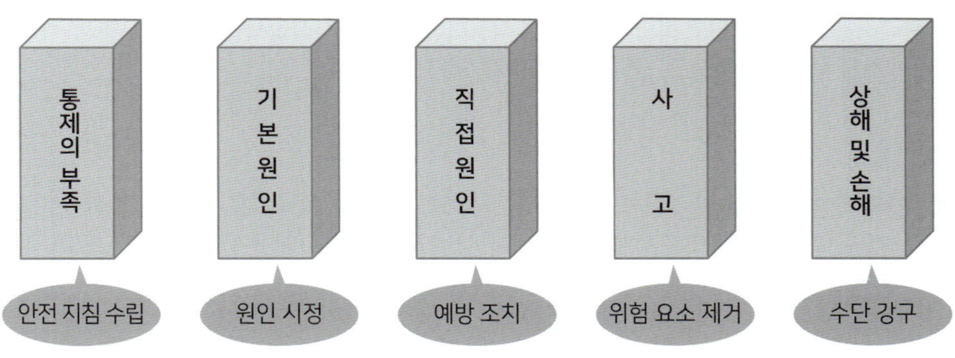

3. 재난의 특징

1) 누적성

재난은 한순간에 갑자기 발생하는게 아니라 오랜 시간 누적되어 온 위험요인이 특정한 시점에서 표출된 결과이다.

2) 예측 불가성

재난의 특성인 예측 불가성은 재난의 가장 중요한 특성 중의 하나이다. 재난발생 이전의 경우에는 위험요인들이 누적되고 점차 위험 발생이 커지지만 이런 요인들은 정확하게 예측 할 수 없으며, 재난 발생 후의 경우에도 어떻게 전개될지 알 수 없어 재난의 대응·복구 단계의 진행 방향 또한 정확히 예측하기 어렵다.

3) 복잡성

재난의 복잡성은 재난 자체의 복잡성과 재난발생 이후에 관련 기관 간의 관계에서 생기는 여러 가지 얽히고 어수선한 성질을 말한다. 2014년 2월 경주 마우나리조트 붕괴사고는 폭설로 인한 자연재난과 부실공사 및 관리소홀 등 인적재난이 복합적으로 상호작용하여 발생하며, 직접적인 원인이 자연재난인지, 사회재난인지 조차 구별하기 어렵고, 단일한 원인에 기인하지 않는다.

4) 대형화

현대 재난의 특성 중 또 하나는 재난의 규모가 대형화 되고 있으며, 그 피해도 크다는 점이다. 최근 초고층 건물, 고속철도, 화학산단 등의 도시개발 및 산업화로 인하여 기후변화에 큰 영향을 주고 있으며, 이로 인해 태풍, 폭우, 폭설, 지진 등 재난 발생빈도가 급격하게 증가하고 있다.

4. 재난의 분류

1. 재난의 종류는 자연재난, 사회재난으로 구분된다.

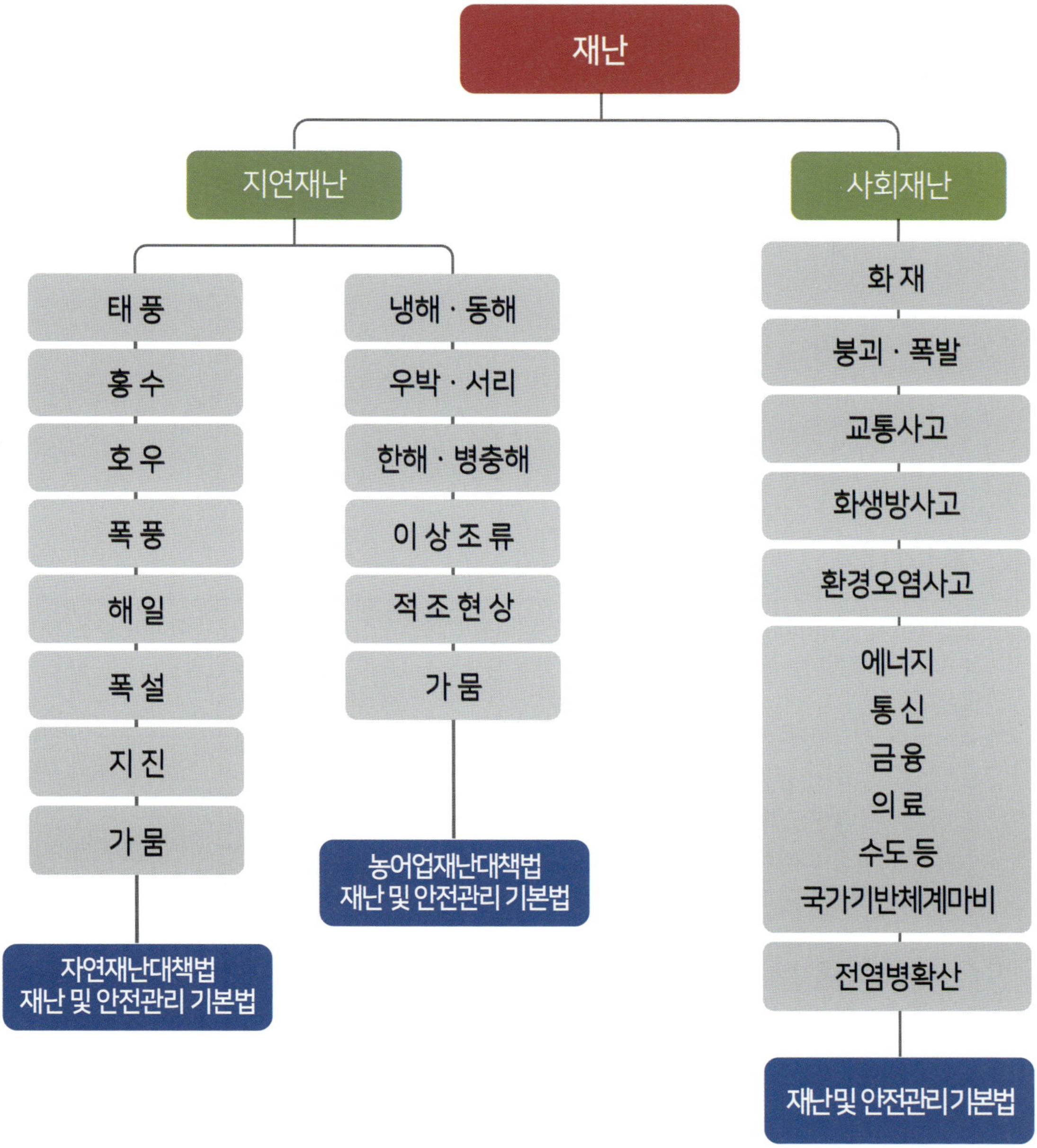

5. 재난의 대비, 대응

1. 재난의 대비

비상시 효과적인 대응을 용이하게 하고 대응능력 향상 시키기 위한 사전준비 활동이다.

주요 활동
① 비상경보체계 구축
② 대응조직(기구)관리
③ 재난위험성 분석
④ 자원동원관리체계 구축
⑤ 대응요원들의 교육훈련
⑥ 대응활동을 위한 비상통신시스템 구축 및 관리
⑦ 재난대응계획수립
⑧ 긴급대응계획의 수립 및 연습
⑨ 대응시스템의 가동 연습
⑩ 지역 간 상호원조협정 체결
⑪ 정보시스템 구축
⑫ 재난방송 및 공공정보자료(방송 및 주민보호방송 시나리오) 제공

2. 재난의 대응

재난발생 시 신속한 대응으로 인한 인명 및 재산피해를 최소화하고, 재난의 확산을 방지하며, 순조롭게 복구되도록 활동하는 단계이다. 재난 발생 직전과 직후 또는 재난이 진행되는 동안의 긴급복구활동을 말한다.

주요 활동
① 비상방송 및 경보시스템의 가동
② 긴급대응계획 가동(활성화)
③ 피해주민 수용 및 구호
④ 긴급대피 및 은신
⑤ 대응자원 동원
⑥ 긴급의약품 조달
⑦ 시민들에게 비상대비 및 방어활동을 유발하도록 하는 긴급지시
⑧ 응급의료지원활동 전개
⑨ 대책본부 및 긴급구조통제단의 활동 개시
⑩ 공식적으로 승인된 대 주민 비상경고
⑪ 탐색 및 구조
⑫ 재해 진압
⑬ 생필품 공급

6. 재난의 관리

1. 재난의 관리란?

각종 재난을 관리하는 것으로서 재난으로 인한 피해를 최소화하기 위하여 재해의 예방(mitigation), 준비계획(planning), 대응(response), 복구(recovery)에 관한 정책의 개발과 집행과정을 총칭하는 것을 말한다. 앞의 두 단계는 재난발생 이전 단계이며, 뒤의 두 단계는 재난발생 이후 단계이다.

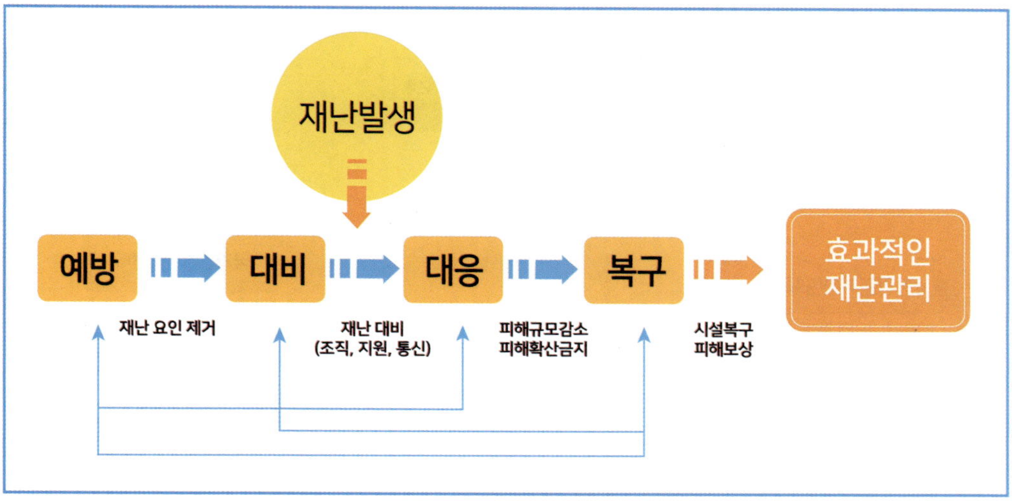

2. 재난관리 주요 활동

구분	단계	주요활동 내용
재난발생 이전단계	완화단계 (mitigation)	위험성 분석 및 위험지도 작성, 건축법 제정과 정비, 조세유도 재해보험, 토지이용관리, 안전관련 제경 및 경비 등
	준비단계 (preparedness)	재난대응 계획수립, 비상경보체계 구축, 비상통신망 구축 유관기관 협조체계 유지, 비상자원의 확보 등
재난발생 이후단계	대응단계 (response)	재난대응계획의 시행, 재난의 긴급대응과 수습 인명구조 구난활동 전개, 응급의료체계 운영 환자의 수용과 후송, 의약품 및 생필품 제공 등
	복구단계 (recovery)	잔해물 제거, 전염병 예방 및 방역활동 이재민 지원, 임시거주지 마련, 시설복구 및 피해보상 등

7. 국가 재난관리체계

1. 재난의 관리란?

재난관리체계(Disaster Management System)는 재난을 예방하고 그 위험으로부터 국민의 생명과 재산을 보호하고 재난위험시설의 안전관리와 재난의 조기수습 대응 체계를 구축해 재난 시 신속한 초동 대처로 각종 피해의 최소화를 목표로 하는 행정 체계이다

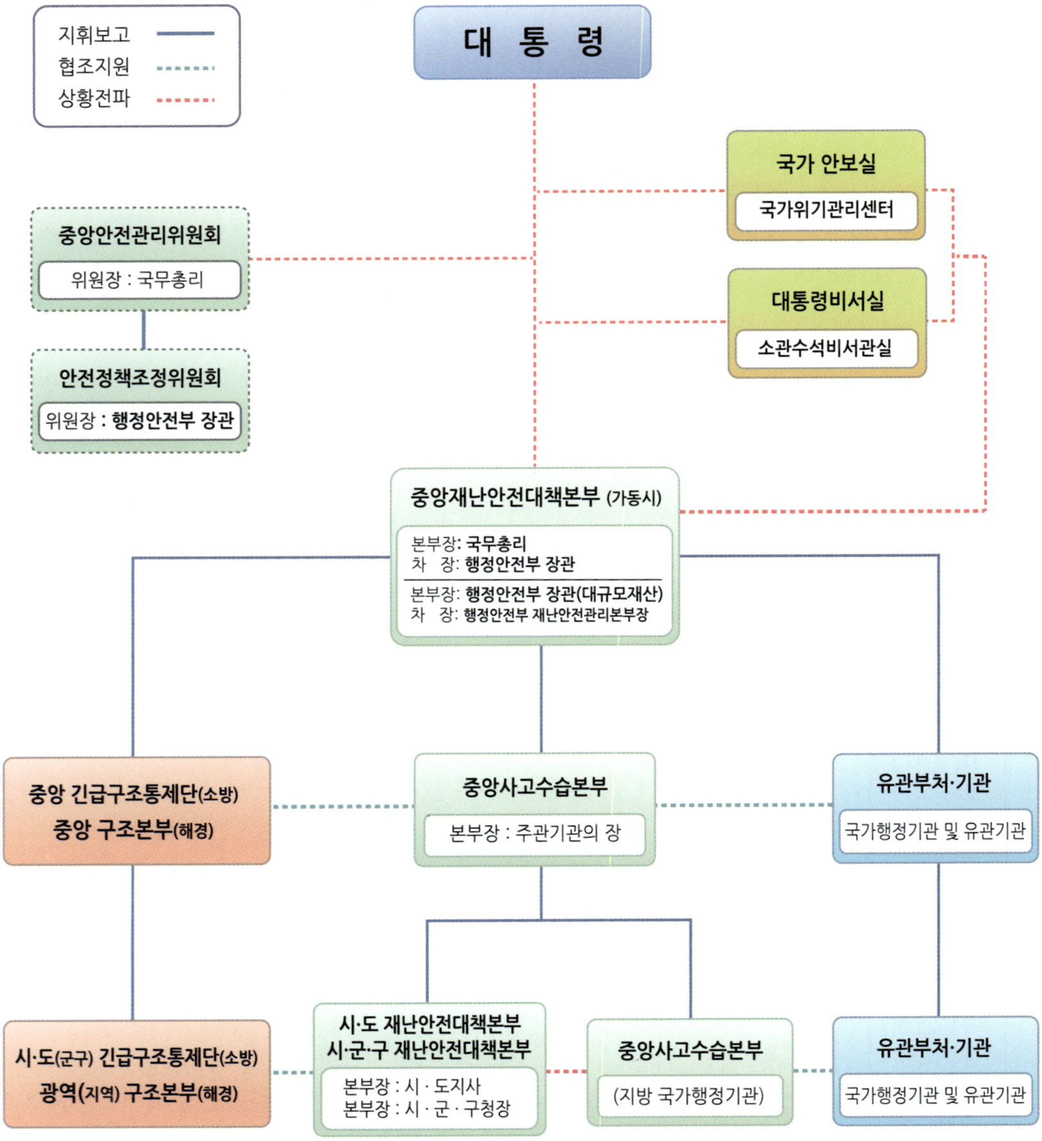

8. 다수 사상자

1. 다수 사상자란?

다수 사상자 발생사고란 지역사회가 제공할 수 있는 의료자원을 초과하는 의료적 요구가 발생한 사고 또는 한 장소에서 단일 사고나 최초 사고에 연이어 발생한 사고가 원인이 되어 다수의 사상자가 발생한 사고을 의미한다.

다수 사상자의 기준은 다음과 같다.
① 사망자와 중상자를 합하여 10명 이상 발생한 경우 또는
② 사망자와 중상자의 합이 10명 미만이지만 추가로 중상자 발생 우려가 있는 경우

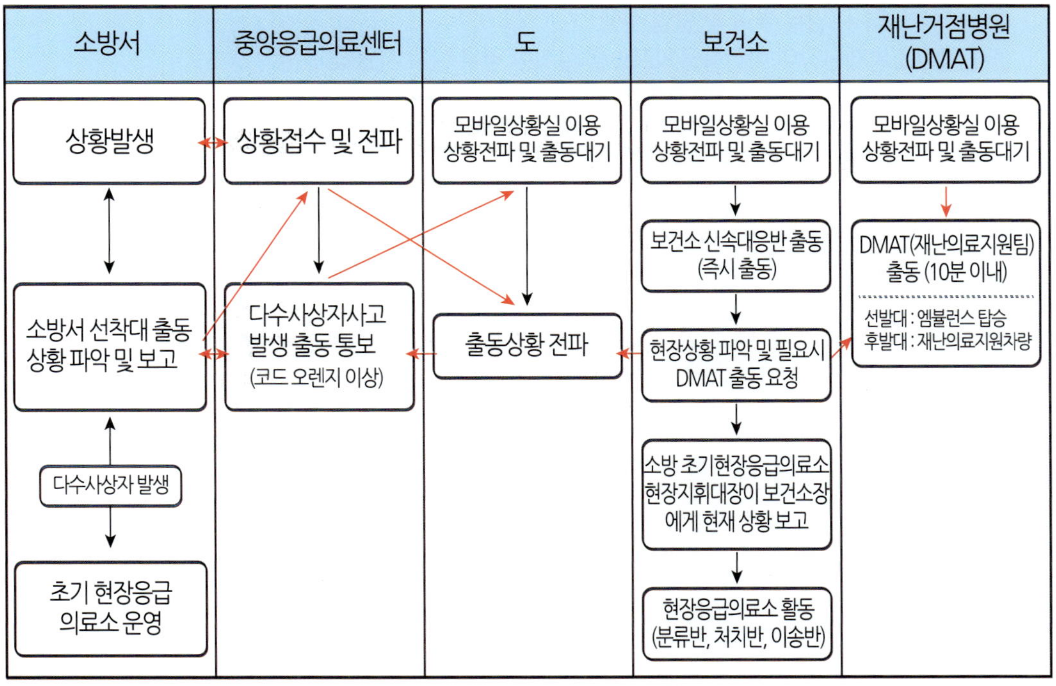

※ 현장지휘는 긴급구조통제단장(소방서장)이 하며, 보건소장은 현장응급의료소장으로 보건소(신속대응반)와 재난거점병원(DMAT)을 지휘하고 현장응급의료소를 감독함.

9. 신속대응반

1. 신속대응반이란?

각종 재난 및 다수사상자 사고 발생 시 현장의료대응을 위하여 2016년부터 각 보건소에서는 「재난응급의료비상대응매뉴얼」에 근거하여 보건소 신속대응반을 조직 · 운영하고 있다. 보건소 신속대응반은 국가재난안전관리체계 내 긴급구조통제단의 응급의료반으로서, 2018년 8월 기준 전국 249개(468팀, 총 2,557명)이다. 의료인 및 행정지원 인력으로 구성된다.

2. 신속대응반 역할

① 사고 현장의 인명피해 규모 파악 및 상황 전파
② DMAT 등 의료지원 요청 여부 결정 및 재난응급의료상황실로 요청
③ 부상자 진료 등 현장 응급의료 활동 수행
④ DMAT 도착 시 임무 부여 및 협업 수행
⑤ 긴급구조통제단장이 현장응급의료소를 설치한 경우 설치 지원 및 운영

Command & Comtrol	현장 지휘체계의 확인 및 연계
Safety	현장 안전 확보
Communication	통신체계 구성
Assessment	현장 의료수요 파악, 필요 시 후발대 요청
Place	현장응급의료 시행장소 선정
Triage	증증도 분류
Treatment	응급처치
Transportation	이송

10. 재난의료팀

1. 재난의료팀이란?

재난 시 전문적인 의료지원을 위하여 의료인력과 의료지원 인력으로 구성되어 의료장비와 긴급구호 약품을 가지고 재난 시 기동성 있게 의료지원을 할 수 있게 구성된 팀이다. 의사, 간호사, 응급구조사, 행정으로 구성된다.

2. 재난의료팀의 역할

DMAT의 역할은 재난현장에서의 중증도 분류, 응급처치 및 이송이 주 임무이다. 재난 시 현장의 의료지원뿐 아니라, 재난 시에 많은 환자들을 이송하고, 재해지의 병원 기능 유지를 위하여 재난 지역의 병원을 지원하거나, 병원 기능을 유지 확장하기 위하여 재난 지역이나 거점 병원의 지휘 아래 의료행위를 지원한다. 재난 시에도 평상시의 응급 의료 수준을 제공하기 위하여 환자를 재해지 밖으로 이송하거나 재난 지역인근의 광역 배후 의료시설까지 이송 등 기동성, 전문성을 살려 다양 하고 현실적인 의료적 지원을 실행한다.

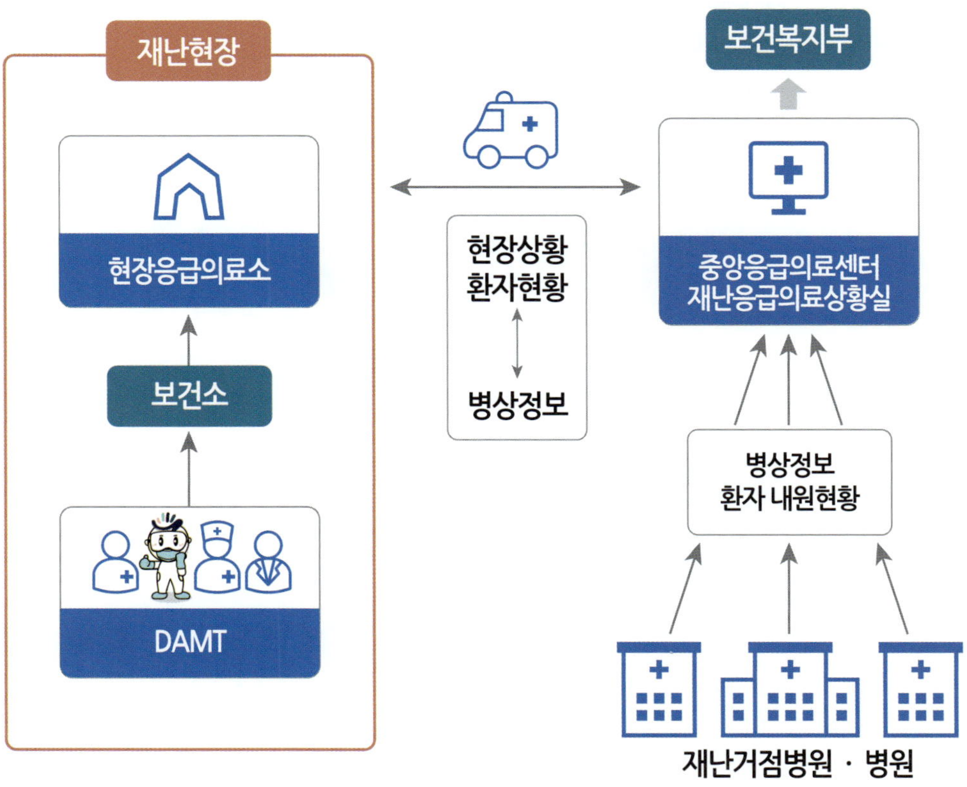

11. 현장응급의료소

1. 현장응급의료소 설치

긴급구조통제단장은 재난현장에 출동한 응급의료관련자원을 총괄 · 지휘 · 조정 · 통제하고, 사상자를 분류 · 처치 또는 이송하기 위하여 사상자의 수에 따라 재난현장에 적정한 현장응급의료소(이하 "의료소"라 한다)를 설치 · 운영해야 한다.

현장응급의료소 설치 시 다음과 같은 사항을 고려한다.

① 현장응급의료소는 기존의 건물 > 천막 > 노천 활동 순으로 유리하며, 재난현장 인근에 의료기관 활용 가능
② 안전이 확보된 장소, 배수 용이, 그늘진 곳
③ 화학재난 및 화재의 경우 바람을 등지는 곳
④ 전기 및 수도 사용 용이
⑤ 구급차 동선 고려

2. 현장응급의료소 운영

보건소장은 긴급구조통제단장의 지휘를 받아 의료소의 운영 전반에 관하여 지휘 · 감독을 하며 (제20조 제6항), 의료소장은 전문적인 응급의료 업무수행을 위해 권역응급의료센터의 재난의료책임자 등 재난의료분야 전문가의 도움을 받아 분류반, 응급처치반, 이송반을 구성 · 운영 한다.

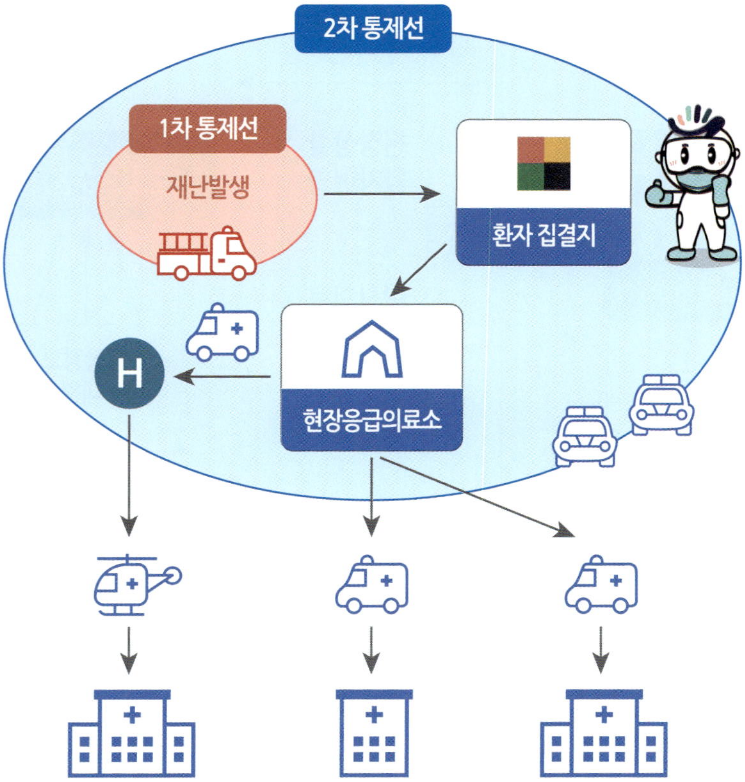

12. 중증도 분류

1. 중증도 분류란?

'중증도 분류'란 응급처치의 필요성과 이용이 가능한 재원(resources)에 따라서 환자를 분류하는 과정이며, 일상적인 응급처치가 불가능한 환경, 즉 다수사상자 발생과 같은 상황에서 시행되는 중요한 선별과정이다. 재난 발생 시 중증도 분류의 목적은 제한된 자원으로 생존 가능한 최대한의 환자에 대해 적절한 처치를 취하는 것이다.

2. 중증도 분류표

구분	내용
긴급환자 (urgent) 붉은색	• Immediate care / life threatening • 수분 혹은 수시간 이내의 응급처치를 요하는 중증환자 • 생명이 위독한 상태로 한시라도 빠른 처치를 요하며, 구명의 가능성이 있는 상태
응급환자 (emergent) 노란색	• Emergent care / can delay up to 1 hour • 수 시간 이내의 응급처치를 요하는 중증환자 • 당장 생명이 위독한 상태는 아니지만 조기에 처치가 필요한 상태
비응급환자 (non-urgent) 초록색	• Delayed care / can delay up to 3 hour • 수 시간 후에 치료하여도 생명에 관계가 없는 환자
지연환자 (delayed or deceased) 검은색	• Dead / no care required • 사망하였거나 생존의 가능성이 거의 없는 환자

3) 중증도 분류표 변경

중증도 분류표가 2020. 11.25일 긴급구조대응활동 및 현장지휘에 관한 규칙 의거 3장에서 2장으로 개정되었으며, 일부 기재란도 간소화 되었다.

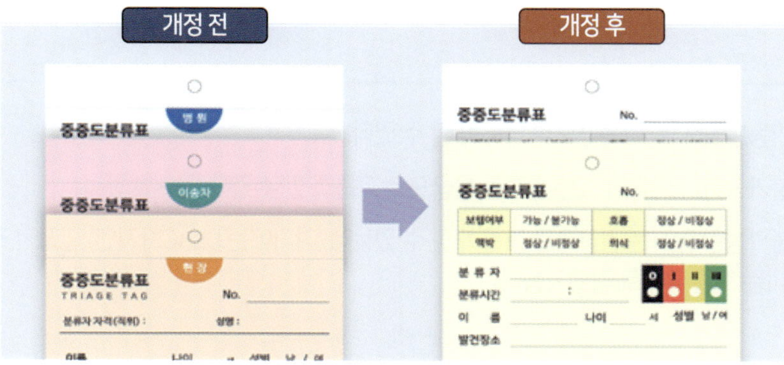

13. MASS Triage법

1. MASS Triage란?

MASS법은 대량사고에서 미군이 사용하는 환자 분류 방법이며 다수의 환자가 발생한 경우 유용하다.

① Move : **보행가능 여부**
걸을 수 있는 사람은 환자 분류소로 가도록 하고, 남아 있는 사람 중에 팔이나 다리를 움직이도록 한다.

② Assess : **평가**
움직임이 없이 남아있는 환자들, 즉 일차 긴급을 평가하고 즉각적인 응급처치를 시행한다.

③ Sort : **분류**
"ID-ME"로 환자를 분류한다.

④ Send : **이송**
긴급(Immediate)→응급(Delayed)→경증(Minimal)→지연(Expectant)순으로 이송하는 것이 전통적인 접근법이다.

2. 적용방법

1. 거동이 가능한 환자는 비응급으로 그룹화 할 수 있다.
2. 거동이 불가능하나 반응이 있는 환자는 응급으로 그룹화 할 수있다.
3. 거동이 불가능한 환자는 긴급으로 그룹화 할 수 있는데, 여기에는 BLACK(지연) 환자가 포함되어 있으며, 이는 호흡 유무로 감별가능하다.

14. START Triage 법

1. START 법이란?

START(Simple Triage And Rapid Treatment)는 처음 도착한 구조자가 환자의 중증도에 따라 다수사상자 중 환자를 신속하게 분류하기 위해서 사고 현장에서 첫 번째로 시행하는 분류법이다. START분류법을 이용하여 환자를 평가하면 긴급(적색), 응급(황색), 비응급(녹색), 사망(흑색) 중 하나에 할당한다(Lerner EB. et al., 2008). 이 분류법은 가장 직관적이면서 사용이 간편하기 때문에 현장에서 환자의 중증도 분류법으로 많이 사용하고 있다.

2. 분류 방법

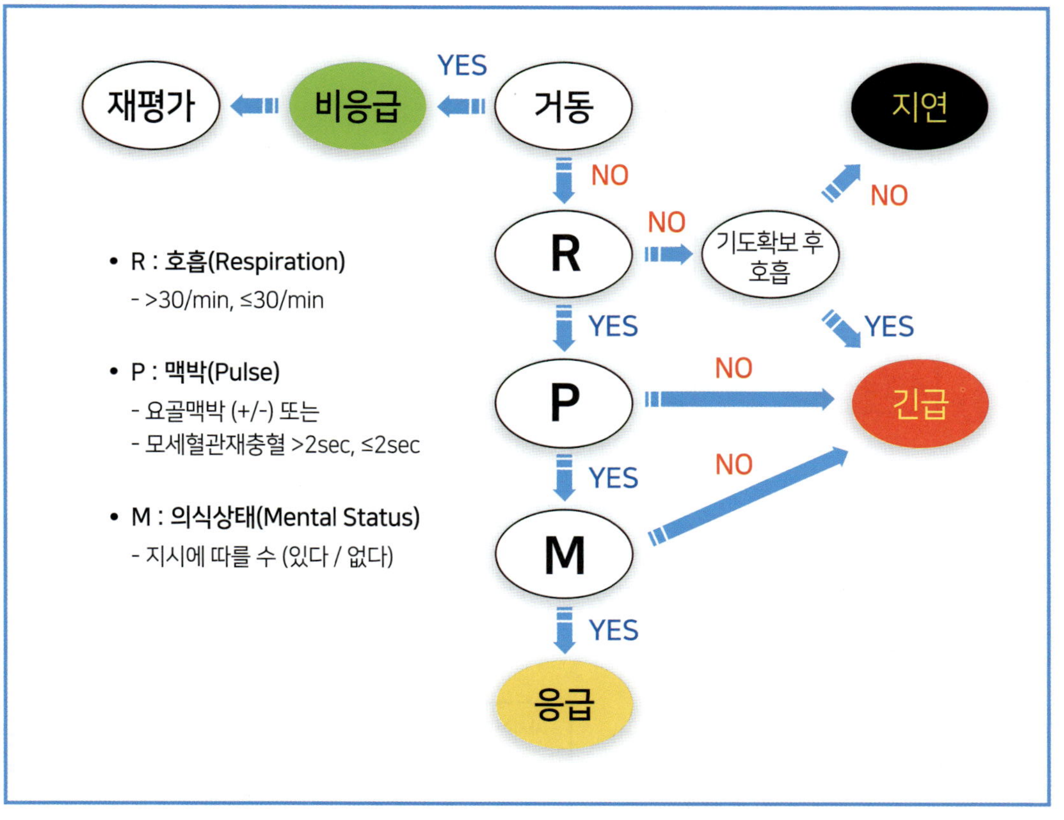

1. 거동이 가능한 환자는 비응급으로 그룹화하고 추후 다시 개별적인 평가를 한다.
2. 거동이 불가능한 환자에서는 'R(호흡수) P(맥박수) M(의식수준)' 세가지 요소를 체크하고 한가지라도 이상이 있을 경우에는 **긴급**, 모두 이상 없을 경우에는 **응급**으로 분류한다. 다만, 호흡이 전혀 없는 환자에서는 기도 확보를 시도해보고, 호흡이 있다면 RED, 없다면 BLACK으로 분류한다.

15. SALT Triage법

1. SALT 법이란?

SALT(Sort, Assess, Life saving Intervention, Treatment/Transport)는 쉽고 간단한 분류 방법으로 대량 환자의 분류에 사용된다(Benson M., 1996).

첫째

걸을 수 있는 환자, 즉 활력 징후 및 의식이 있는 환자를 한쪽으로 모아 치료의 우선순위를 가장 늦게 하거나 치료가 필요하지 않은 상태로 분류한다.

둘째

걷지 못하지만 팔다리를 흔들어 보라고 명령해서 반응하는지를 확인하여 의식이 있거나 활력 징후가 어느 정도 유지될 확률이 높은 상태로 분류한다.

셋째

걸을 수도 없고 팔다리를 흔들어 보이라는 명령에도 반응을 하지 못하는 상태로 치료의 최우선 순위로 삼아야 하는 상태로 분류한다.

2. 분류방법

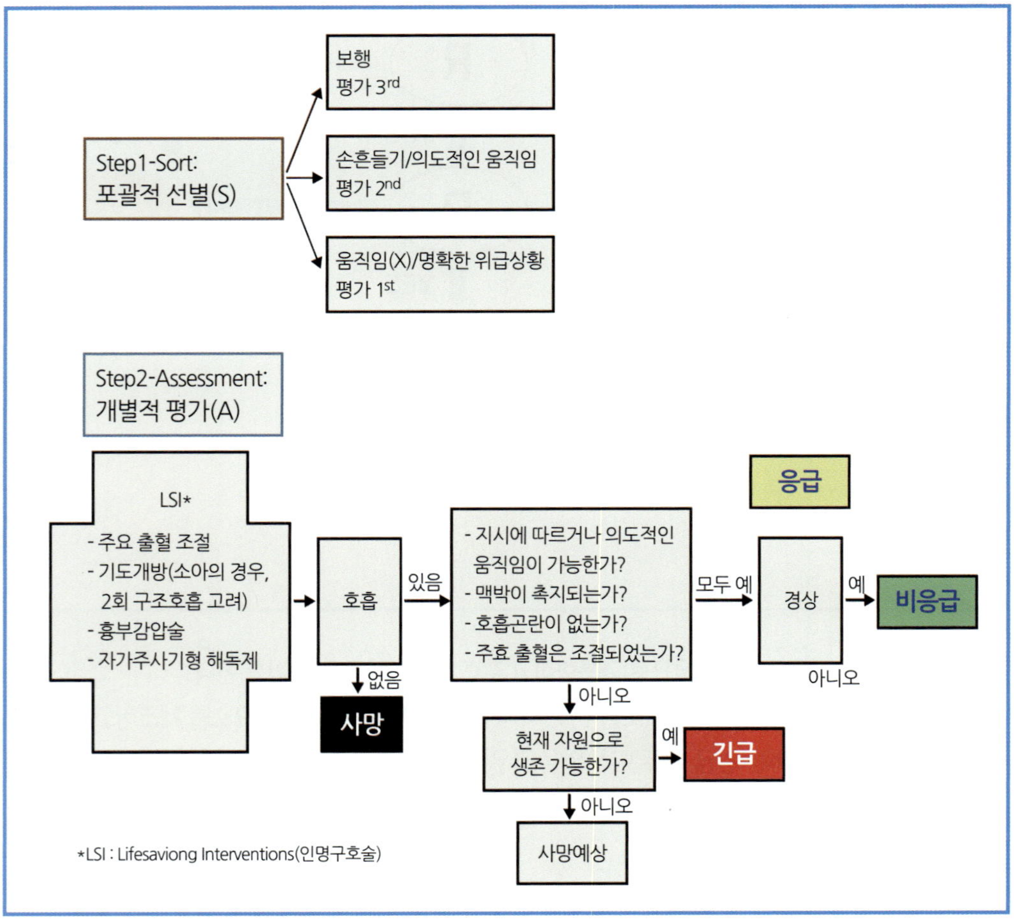

16. 감염병

1. 감염병이란?

세균, 바이러스, 진균, 기생충 등의 병원체가 우리 몸을 침범하는 것을 감염(infection)이라고 하고, 병원체나 독소에 의한 조직 상해, 병원체에 대한 숙주 반응에 의해 장애가 발생한 것을 감염병이라고 한다. 본래 감염병은 1~5군 지정감염병으로 구분된 분류체계가 운영되다가, 2020년 1월부터 '군(群)'에서 '급(級)'으로 개편됐다. 이에 따라 이전까지 감염병은 1~5군 지정감염병으로 분류됐지만, 2020년부터는 1~4급으로 분류된다.

2. 감염병 재난 위기 경보 수준

단계	상황	조치
관 심 (Blue)	· 해외 신종감염병 발생 및 유행 · 세계보건기구의 국제공중보건위기상황(PHEIC) 선포 · 국내 원인 불명 · 재출현 감염병 발생	징후활동감시 대비계획점검
주 의 (Yellow)	· 해외 신종감염병 국내 유입 및 제한적 전파 · 국내 원인 불명 · 재출현 감염병의 제한적 전파	협조체계가동
경 계 (Orange)	· 해외 신종감염병의 국내 유입 후 추가전파에 따른 지역사회 전파 · 국내 원인불명 · 재출현 감염병의 추가전파에 따른 지역사회 전파	대응체계 가동
심 각 (Red)	· 해외 신종감염병의 전국적 확산 징후 · 국내 원인 불명 · 재출현 감염병의 전국적 확산 징후	대응역량 총동원

17. 개인보호구

1. 개인보호구 (Personal protective equipment)

개인보호구는 사용자가 감염원으로부터 보호되도록 고안된 의복이나 기구류를 말한다. 의료 현장에서 감염전파를 방지하고 대응요원(의료종사자, 보건소 직원, 구급대원 등)을 감염으로부터 보호하기 위하여 사용한다.

2. 개인보호구별 특성과 용도

보호구	위해요소	특성 및 용도 (Indications for use)	참고사진
장갑 (Glove)	접촉	-손 오염 방지 -노출정도를 고려하여 재질 선택 -파우더 알러지 있을 경우 파우더 없는 제품 또는 나이트릴 제품 사용	
가운 (Gown)	비말, 혈액, 체액이 전신이나 의복에 튐	-바이러스 비말이 전신과 의복에 오염되어 간접 전파 되는 것을 방지	
전신보호복 (Coveralls) 덧신 (Shoe covers)	비말, 혈액, 체액이 전신이나 의복, 신발에 튐	-바이러스 비말이 전신과 의복에 오염되어 간접 전파 되는 것을 방지	
장화 (Boots)	혈액, 체액이 신발에 튐	-신발 덮개 대신 착용 • 바닥이 젖거나 오염이 심할 경우 • 노출위험에 따라 선택	
헤어캡 (Hair cap)	머리의 오염	-비말이 머리에 오염되는 것을 방지	
보안경 (Goggle)	혈액, 체액이 눈의 점막에 튐	-눈의 점막 오염 방지 -보안경 재용 시 바이러스에 효과적인 소독제로 소독 후 사용, 보관	

참고문헌

강인원 외(2019). 재난안전점검 실무
경기도소방재난본부. 119.gg.go.kr
경찰청. www.police.go.kr
관계부처 합동(2018) 자살예방 국가 행동계획
국가건강정보포털 의학정보. http://health.kdca.go.kr
국가직무능력표준(NCS) 수상구조(LM0502010312_16v1) https://www.ncs.go.kr
국가통계포털 KOSIS http://kosis.kr/
국민안전교육포털 https://kasem.safekorea.go.kr/
국민재난안전포털. www.safekorea.go.kr
김종욱(2019). 언론에 비친 재난 · 안전 사고현장과 안전수칙. 청미디어
나눔테크(주) http://www.nanoomtech.co.kr
네이버 지식백과 terms.naver.com/
노상균(2014). 생활응급처치학. 현문사
농촌진흥청 https://www.rda.go.kr/
대한뇌졸중학회 「2018 뇌졸중 역학보고서」
대한당뇨병학회 https://www.diabetes.or.kr/
대한심폐소생협회 https://www.kacpr.org/
대한응급의학회(2011). 응급의학. 군자출판사
대한의학회. www.Kams.or.kr/
대한적십자사 http://www.redcross.or.kr
대한적십자사 안전수영
박상욱 외(2014). 보건의료임상실습지침서. 에듀팩토리
보건복지부 질병관리본부(2017). 2015 한국형 심폐소생술 가이드라인 기본소생술(일반인용)
보건복지부(2019). 2019 자살예방백서. 보고서 11-1352000-001635-10. 서울: 중앙자살예방센터.
서길준 외(2012). 응급처치와 심폐소생술. 메디칼크로스
서울대학교병원 의학정보 http://www.snuh.org/health/nMedInfo/nList.do
서종한, 최선희, 김경일(2018). 심리부검 기반 자살유형 연구. 보건사회연구. 38(2), 350~393.
서혜승(2019). 안전교육 프로그램이 안전의식과 안전행동에 미치는 영향-농어촌체험지도자교육 참가를
소방청 www.nga.go.kr/
식품안전나라-식품안전지식 https://www.foodsafetykorea.go.kr/main.do

식품의약품안전처-환경오염과 유해물질. http://health.cdc.go,kr/health/

신종코로나바이러스 감염증 감염예방 · 관리(2020.02.)

안전보건공단 www.kosha.or.kr

약학정보원 「약물백과」 http://www.health.kr/researchInfo/encyclopedia.asp

엄태완(2016) 재난의료관리론

연세대학교 원주의과대학 응급의학과(2012). 응급구조와 응급처치. 군자출판사

응급의료포털 E-Gen. www.e-gen.or.kr/

응급의학

이혜선, 권정혜(2009). 한국판 자살생각척도(K-BSI)의 타당화 연구. 한국심리학회지: 임상. 28(4), 1155-1172.

임경수 외(2019). 재난의학

임상술기교육연구회(2012) 임상술기. 군자출판사

재난 및 안전관리 기본법

조동훈(2019). 소방학개론. 뉴욕출판

중심으로-. 명지대학교 박사학위 논문

중앙자살예방센터(2019). 국내외 자살 현황 분석 -'2018년 사망원인통계', '2019 OECD Health Data'를 중심으로 -. 발간번호 2019-010. 서울: 중앙자살예방센터.

질병관리청(2018). 보행자 교통사고 예방 수칙

질병관리청(2020). 2020년 한국형 심폐소생술 가이드라인

코끼리소방마트. www.fireds.com/

통계청. kostat.go.kr/

품목별 올바른 농약사용 안내서 - 농림축산식품부-

한국건강증진개발원 www.khealth.or.kr

한국건강증진개발원 절주ON https://www.khealth.or.kr/alcoholstop

한국교통안전공단. www.kotsa.or.kr/

한국교통연구원. www.koti.re.kr/

한국승강기안전공단 www.koelsa.or.kr

한국해양교통안전공단 https://www.komsa.or.kr (2017) 강신관, 생존수영 좋은땅

해양경찰백서 2017

해양경찰청 http://www.kcg.go.kr

해양수산부 http://www.mof.go.kr

해양수산부 국립해양조사원 '안전海' http://www.khoa.go.kr

행정안전부 재난안전관리본부

행정안전부 재난안전정보 포털 앱'안전디딤돌'

현대자동차. www.hyundai.com/

2017 노인실태조사 보고서

2017 조민상 해양안전사고 예방을 위한 매뉴얼 개선방안

2018 해양경찰청 일반 · 수상 · 수중형 연안체험활동 안전교육(11-1532000-000011-14)

2018 황성오 외. 심폐소생술과 전문 심장소생술

2019 해양경찰청 해양 수색구조 지침서

2020 한국형 심폐소생술 가이드라인

CU Medical http://www.cu911.com/

Hawton, K. & van Heeringen, K. (2009). Suicide. Lancet, 373(9672), 1372-81.

https://www.diabetes.or.kr/general/class/complications.php?code=complication&number= 337&mode=view&idx=1」

National Institute of Mental Health. (NIMH). Mental Health Information.

U.S. National Library of Medicine / MedlinePlus「Coronary heart disease」

WHO(World Health Organization). (2014). Preventing suicide - A global imperative

찾아보기